용기를 내어 당신이 생각하는 대로 살아야 합니다.
그렇지 않으면 머지않아 당신은 사는 대로 생각하게 될 것입니다.
— 폴 부르제(프랑스의 시인, 철학자)

Il faut vivre comme on pense,
sans quoi l'on finira par penser comme on a vécu.
— *Paul Bourget*

MY
STYLING
BOOK

마이 스타일링 북

히비 미치코 지음 / 고정아 옮김

평소 입는 옷으로 세련된 분위기를 연출하는

MY STYLING BOOK

터닝 포인트

퍼스널 스타일리스트로서 고객의 쇼핑에 동행하는 일을 하던 당시 고객에게 어울릴만한 옷을 골라 피팅룸으로 가져다준 후 그곳에서 나온 고객이 흔히 하는 말은

"뭔가 좀 아닌 것 같아요……"라는 대답이었지요.

당연히 옷은 원래 상태 그대로 입어서는 멋있게 보이지 않습니다. 그런데 밑단을 롤업하거나 소맷부리를 감아올리거나 목 끝까지 단추를 채우지 않고 풀어헤치는 식으로 살짝 손을 대주면 같은 옷이 맞나 싶을 정도로 분위기가 달라지고 한층 더 맵시 있어집니다.

결국, 나중에는 "아, 이렇게 입는 거군요!"라는 말을 듣곤 했죠.

그러면서 들었던 생각이 "그렇구나. 어떤 옷을 입어야 좋을지 모른다기보다 어떻게 입는지를 모르는구나!"라는 것이었고, 그 생각이 이 책을 쓰는 계기가 되었습니다.

○ 뭘 입어도 촌스럽다.

○ 저렴하면서 예쁜 중저가 브랜드의 옷을 남들과는 다르게 입고
  싶다.

○ 내게 뭐가 어울리는지 모르겠다.

○ 옷은 많은데 오늘 무엇을 입으면 좋을지 모르겠다.

위와 같은 내용으로 상담을 자주 받습니다만, 세련된 분위기를 만들려면 '무엇을 입느냐'보다는 옷을 입고 연출하는 방법이나 색깔 맞추기, 소품 활용, 머리 모양, 좋은 자세 등등, 다양한 요소로 이루어지는 '전체적인 밸런스', 즉 '어떻게 입느냐'가 매우 중요합니다. 이런 말씀을 드리는 나 역시 40대에 접어들었으면서도 여전히 수행 중인 몸으로, 나만의 스타일을 모색하면서 저렴한 아이템을 근사하게 보이도록 잘 활용하고 싶은 미묘한 연령대가 되었네요. 지금까지의 많은 실패와 시행착오 끝에 찾아낸 코디 방법과 저렴한 아이템 활용 방법 및 관리 방법에 이르기까지 누구나 쉽게 따라 할 수 있도록 규칙화한 내용을 이 책에 담아 보았습니다.

이 책의 또 다른 한 가지 테마는 바로 '착한 가격'입니다. 학창시절 나는 친구들에게 '알뜰 쇼핑의 달인'이라고 불릴 정도로 가격보다 더 좋아 보이는 물건을 직접 찾아내는 걸 좋아해서 보물찾기 하는 기분으로 몇 시간이든 쇼핑을 즐기곤 했습니다. 물론 지금도 전혀 변함이 없고요.

나는 중저가 브랜드의 제품이나 저렴한 아이템은 물론이고 그렇지 않은 것도 활용하고 싶어 하는 타입이지만, 일반적인 직장인 가정의 주부다 보니 가격에 비해서 좋아 보이는 저렴한 아이템을 찾아내는 것이 훨씬 즐겁고 신이 납니다.

다만 싸다고 해서 무조건 사는 것이 아니라 가격 이상의 품질, 착용감, 디자인을 직접 눈으로 보고 확인해서 고르고, 구매한 것에 대해서는 애착을 가지고 관리해야겠지요. 그래서 나는 하루라도 오래 신상품 같은 느낌을 유지하면서 입을 때 항상 기분 좋게 입을 수 있도록 손질 및 관리에도 신경을 쓰고 있습니다. 어쩌면 궁상스럽게 보일지도 모르겠지만, 거기서 재미를 느끼니까요.
이 책이 조금이나마 도움이 되어 여러분의 패션 라이프가 더욱 즐거워지길 바라는 마음입니다.

히비 미치코

패션 스타일링 비법 베스트 10

01 필요 이상으로 옷을 많이 사지 않는다.
가능한 한 옷이 헐면 그때 새로 구매하자.

02 옷은 그대로 입지 않는다. 여러 형태로 연출하는 것이 제일이다.
옷의 수량은 중요하지 않으므로 입는 방법과 소품 활용,
머리 모양을 궁리하자.

03 외출 전에는 신발을 신은 상태에서 전신의 밸런스를 비롯해
뒷모습까지 확인한다. 그때 알아차리게 되는 뜻밖의 사항이 많다.

04 흰색을 잘 사용하면 스타일리시 하게 보인다.
봄여름에는 흰색의 비중을 눌리고, 가을겨울에는 약간 줄이는 식으로
계절에 따라 조절한다.

05 전신을 트렌드 옷으로 무장하지 않는다.
전체 코디 안에 트렌디한 요소(아이템, 실루엣, 색상 등)
한두 가지만 섞어도 충분히 세련된 느낌을 연출할 수 있다.

06 "가격이 싸니까 이만하면 됐지!"가 아니라,
"가격이 싼 데도 이렇게 좋은 걸 사다니!" 라는 생각이 드는
선택 방법이 중요하다. "싸니까 됐어."로는 애착심을 가질 수 없다.

07 처음에는 누군가를 따라 하는 것부터 시작해도 OK.
하지만 "어머나! 뭔가 다르네." 하는 점이 발견되면
그것을 힌트 삼아 거기서부터 자기다움을 살리도록 한다.
소품이나 옷 길이, 머리 모양 등을 통해서.

08 가끔은 좋은 옷을 보고 만져 본다.
마음에 드는 게 있을 때는 적당한 가격대에 비슷한 것을 찾다 보면
뜻밖에 찾을 수 있는 경우도 있으니 계절에 따라 조절한다.

09 저렴해도 애착심을 가지고 관리한다. 신상품에 가까운 느낌을
어떻게 오래 유지하느냐가 중요하다. 계절에 따라 조절한다.

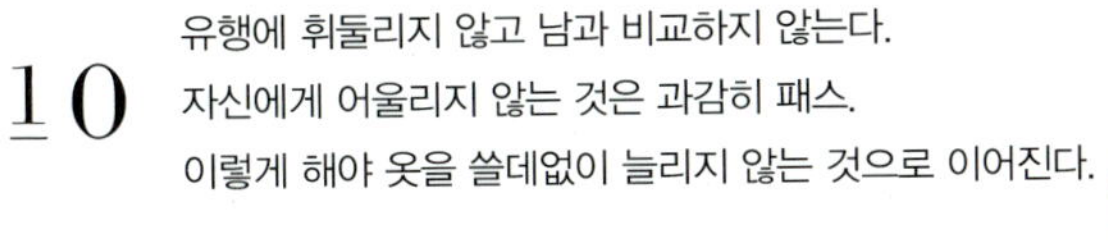

10 유행에 휘둘리지 않고 남과 비교하지 않는다.
자신에게 어울리지 않는 것은 과감히 패스.
이렇게 해야 옷을 쓸데없이 늘리지 않는 것으로 이어진다.

MY STYLING BOOK CONTENTS

● 이 책에 게재된 의류 및 소품류는 모두 저자 개인의 것입니다. 현재 구할 수 없는 것도 있으므로 사전에 양해의 말씀을 드립니다.
● 이 책에서 소개한 정보는 2016년 3월 시점의 것입니다.

WILD LIF
TORE IN THE K

Chapter 01

TECHNIQUE

옷 잘 입는 테크닉

고작 요 정도로!

평소 입는 옷도 연출 방법에 따라

세련된 차림으로 격상

TECHNIQUE 01

코디에 변화구를!

how to look smart

전신을 비슷한 느낌으로 맞추지 않아야 세련된 분위기를 연출할 수 있습니다. 얼핏 보기에 미스매치 느낌이 나는 아이템끼리 조합해서 자기 스타일을 드러내면 트렌디한 느낌을 부각해 줍니다.

PATTERN 1

전체적으로 지나치게 캐주얼해서 촌스럽다

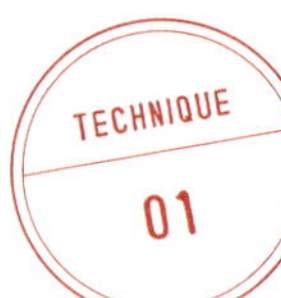

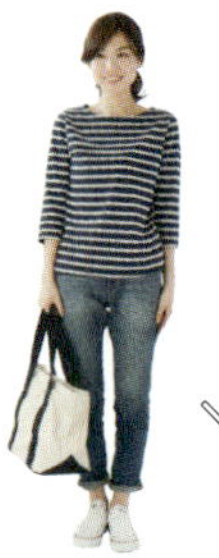

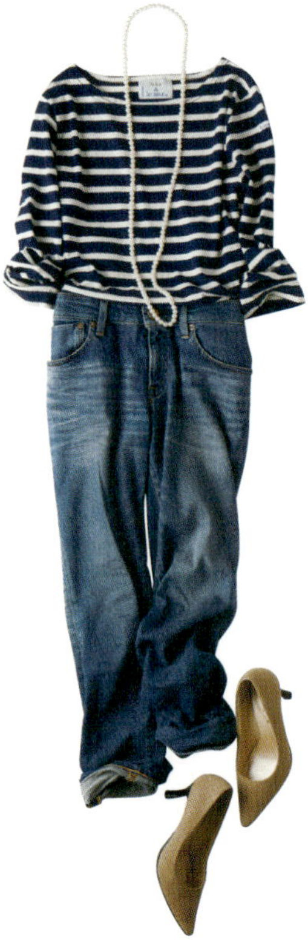

소품 더하기

진주목걸이를 추가하고, 스니커를 힐로 바꿈. 캐주얼한 느낌이 나면서도 여성스러움을 풍기는 코디.

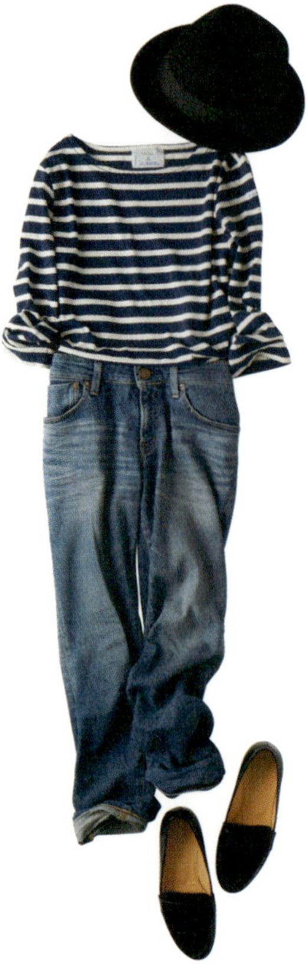

모자 더하기

캐주얼한 인상이 지나치면 모자와 로퍼를 이용하여 드레스 업. 샤프한 감각이 더해져 말쑥한 매니쉬(남성스러운 스타일) 스타일로.

어떤 코디든 어딘가에 단정한 느낌의 아이템을 넣는 것이
어른을 위한 캐주얼 스타일의 포인트입니다.

PATTERN 2

청재킷 투입

청재킷을 투입하여 러블리&와일드 감성을 믹스 매치한 코
디. 각 아이템의 장점은 유지하면서 러프하게 연출하여 더
욱 세련되게!

보더 티셔츠 투입

트윈 니트 안의 이너를 보더티로 바꿔주기만 해도 적당한
캐주얼 에센스로.

세련미를 더해주는 흰색 활용법

how to look smart

흰색은 다른 색깔을 돋보이게 하여 품격을 높여주는 색.
흰색을 섞어주면 '전체적으로 밝은 느낌'을 주어 균형이 좋아 보입니다.

얼굴 주변에 흰색을 사용

얼굴 주변에 흰색을 사용하면 얼굴색이 환해 보입니다. 흰색 피어스, 흰색 칼라. 레이어드한 흰색 파카 등도 마찬가지 효과가 있습니다.

흰색 소품 사용법

How to use white color?

흰색 백으로 무난함을 탈피

베이식 컬러에 흰색 백 하나만 투입해도 스마트한 코디로 연출됩니다.

흰색 신발로 반전 포인트를

늘 신고 다니는 스니커를 흰색으로 바꿔주기만 해도 트렌디하면서 깨끗한 인상을 줄 수 있습니다. 지나치게 캐주얼하지 않다는 점이 흰색의 장점이죠.

흰색을 효과적으로 사용하여
평소의 코디를 더욱 세련되게 격상!

LET'S ENJOY "WHITE"

원톤 코디에 흰색

사실 촌스러워 보이기 쉽고 스타일 연출이 어려운 것이 원톤 코디. 어딘가에 흰색을 집어넣으면 밸런스를 잡기 쉬워집니다.

다크한 코디에 흰색을 강조 색으로 사용

옷 전체가 어두울 때 흰색으로 균형을 맞춰주면 코디 전체에 가벼운 느낌이 연출됩니다.

청결한 느낌에 품위 있어 보이는 흰색 바지

흰색 바지는 올 시즌 OK! 코디하기도 쉬워 활용도가 높습니다.

허리에 두르는 요령

how to look smart

허리에 셔츠나 카디건 등을 두르면 코디의 원 포인트가 될 뿐 아니라,
신경 쓰이는 뱃살도 커버할 수 있습니다.

HOW TO

먼저 소매를 포함해 셔츠의 모든 단추를
풀어 윗부분을 안으로 접습니다. 품이 큰
셔츠의 경우 맨 위의 단추는 잠가도 OK.

허리뼈 부근에 감아줍니다. 묶을 때는 어
느 한쪽으로 약간 쏠리게 하면 느낌이 삽
니다.

길이가 길면 안쪽으로 접어서 길이를 조절
하세요. 카디건의 경우도 순서는 같습니다.

매듭이 잘 풀리지 않도록 하려면

묶어서 위쪽에 있는 소매를 밑에서부터 위로
통과시켜주면 매듭이 눈에 띄지 않으면서도
단단히 묶입니다.

⇨ 매듭의 위치가 정중앙이다.
⇨ 셔츠를 감은 위치가 너무 높다.
⇨ 너무 꽉 졸라맨 듯하다.

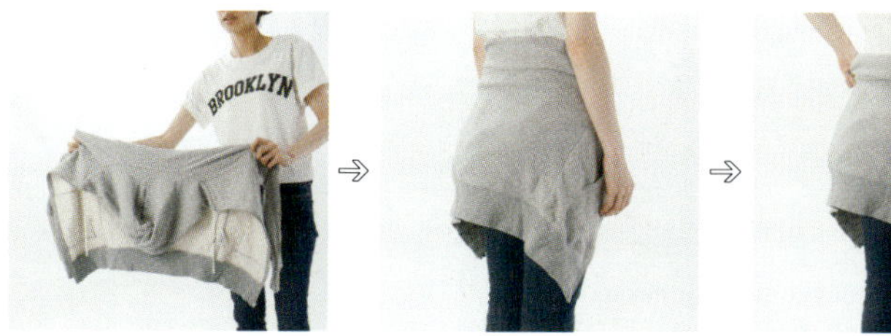

● 파카(후드 재킷)를 허리에 두를 때도 위와 마찬가지로. 파카는 허리에 두른 후 뒤쪽의 남아도는 부분을 접
어주면 좋습니다.

어깨에 걸치는 요령

how to look smart

팔뚝, 올라간 어깨를 두드러지지 않게 하거나 시선이 위로 집중되게 하면
스타일업 효과가 있습니다. 봄여름에는 얇은 소재를, 가을겨울에는 성기게
짜인 니트를 사용하면 계절감을 연출할 수 있지요.

1

카디건의 단추는 기본
적으로 전부 잠그고 윗
부분을 살짝 안으로 접
습니다.

2

어깨에 걸쳐 헐겁게 묶
습니다. 매듭을 한쪽으
로 살짝 쏠리게 하면
자연스러운 느낌이.

variation 1

단추가 겉으로 보이도록 해서 걸치면
또 다른 느낌이.

variation 2

가슴 부분을 산뜻하게 보이게 하려면
소매를 그대로 내려뜨린다.

variation 3

단추를 잠그지 않고 어깨에 걸친 후
좌우를 약간 비대칭으로 하면 여성스
러운 느낌이 물씬.

variation 4

양 소매를 한데 모아서 말끔하게.

variation 5

소매에 포인트를 주어 그대로 내려
뜨린다.

신발에는 돈을 들이지 않아도 좋다

how to look smart

흔히 "신발에는 돈을 투자해야 한다!"고 말하지만, 사실 신발은 소모품입니다. 평상시 신는 신발은 부담 없이 신을 수 있는 1만 엔 안팎의 것으로 충분하다고 생각해요. 가격이 적당하면서도 고급스러워 보이는 것으로 잘 관리하면서 오래 신으면 좋겠지요. 신발을 오래 신는 요령은 하루 신은 신발은 그다음 하루 이틀은 신지 않고 두는 것입니다.

01 artemis by DIANA

DIANA의 캐주얼 라인으로 가격이 합리적. 고급스럽고 어른스러우면서도 귀여운 디자인입니다.

02 Le Talon

베이크루스(BAYCREWS) 계열의 슈즈 숍. 상품 대부분이 일본제로 가격도 합리적. 인솔이 폭신폭신해서 발이 편합니다.

03 Boisson Chocolat

유나이티드 애로우(UNITED ARROWS) 계열의 슈즈 숍. 합리적인 가격에 트렌드를 적당히 도입한 브랜드.

[**내가 추천하는, 가격 대비 고급스러워 보이는 펌프스**]

01   02   03

그 밖에도!

마루이

마루이의 편하고 예쁜 신발 『velikoko』 시리즈는 발에 대한 부담이 적고 사이즈도 다양하며 겉모양도 예뻐 힐 초보자에게 추천합니다.

오리엔탈 트래픽(ORiental TRaffic)

힐 앞부분의 수선이 무료. 불필요해진 오리엔탈 트래픽 신발을 매장에 지참하면 500엔 쿠폰을 받을 수 있습니다(모두 매장 한정 서비스).

[**스웨이드 펌프스는
올 시즌 OK**]

비에는 약하지만, 발에 잘 맞아 아프지 않아서 일년 내내 애용하고 있습니다.

[**펌프스 힐로 다리를 더욱
길어 보이게 하는 요령**]

하의에서 신발까지 색깔을 같은 계열로 통일하면 다리가 길어 보입니다.

베이지 펌프스로 발부리까지 이어지는 것처럼 보이게 하면 다리가 길어 보입니다.

UNITED ARROWS

[검정 에나멜 로퍼]

내가 즐겨 신는 플랫 슈즈. 펌프스를 신을 기분은 아닌데 스니커로는 너무 캐주얼한 느낌이 들 때 딱 좋은 아이템으로 일 년 내내 자주 신고 있습니다.

DANIELE LEPORI

[흰색 에나멜 로퍼]

봄, 여름철 머스트 해브 아이템. 발부분에 경쾌한 느낌이 더해져서 캐주얼 코디라도 흰색 에나멜의 단정함이 전체적으로 품격을 높여줍니다.

Pertini

[파이썬 무늬 로퍼]

코디에 날카로운 감각이 더해져 적당한 악센트가 되어 줍니다. 이른바 뱀 무늬이지만, 단정한 느낌이 있어 어떤 코디에도 잘 어울립니다.

SEPTEMBER MOON

[검정 에나멜 레이스업 슈즈]

가죽 소재의 레이스업 슈즈는 하드한 인상이라서 패션 상급자용으로 잘 어울리는데, 에나멜이라면 부담 없이 신을 수 있을 듯합니다. 어른스러우면서도 귀여운 스커트 스타일의 반전 포인트로 활용.

Pili Plus

[파이썬 무늬 로퍼]

심플한 캐주얼 코디 스타일도 이 신발 하나면 무난함을 탈피할 수 있습니다! 임팩트가 있는 무늬이지만, 생각과 달리 매치하기 쉽고 조악해 보이지 않는다는 점이 매우 좋아요.

CONVERSE

[그레이 하이컷 스니커]

즐겨 신는 하이컷은 어떤 색과도 매치하기 쉬운 그레이를 선택. 발부분에 볼륨이 생기므로 발목을 살짝 보이게 해서 자연스러운 내추럴 감각을 연출하는 것이 굿 밸런스의 비결.

adidas

[흰색 스니커]

심플한 다자인으로 코디를 전체적으로 깔끔하게 마무리해줍니다. 흰색 스니커에서 느낄 수 있는 청량감은 균일가 잡화점 등에서 판매하는 멜라민 스펀지로 사수. (→ P128)

CONVERSE

[흰색 스니커]

어딘지 모르게 풍기는 복고적인 분위기가 참을 수 없을 만큼 좋은 명품 슈즈. 캐주얼 차림이든 깔끔한 차림이든 좋은 느낌으로 소화할 수 있습니다.

모자를 활용해 코디의 격을 높인다!

how to look smart

"도전해 보고는 싶은데 용기가 없어서……"라고 흔히들 말하는 모자.
그런데 모자는 쓰기만 해도 패션 감각을 높여주는 만능 아이템입니다.
고르는 방법이나 쓰는 방법의 포인트만 알면 더는 무서울 게 없지요!

① [잡는 부분]
푹 꺼진 부분이 지나치지
않아 자연스럽다.

② [톱]
너무 높지 않은 것을 추천.

③ [챙 너비]
좁은 것→캐주얼한 인상
넓은 것→엘레강트한 인상
또한. 챙이 넓으면 넓을수록
대비 효과로 인해 얼굴이
작아 보입니다.

④ [소재]
여름에는 밀짚, 파나마 등,
겨울에는 펠트 등이
일반적입니다.

모자 착용 시의 피어스

심플하고 너무 난잡하지 않은 디
자인이 밸런스가 좋다.

후프 피어스는 의외로 난잡하지
않고 모자와도 잘 어울린다.

착용 요령

◎ OK!

정면에서 봤을 때, 이마 한가
운데 눈썹이 보일락 말락 한
부분을 기준으로 착용.

✕ NG

모자를 머리 뒷부분으로 쏠리
게 해서 살짝 얹은 듯 쓰면 아
이 같은 느낌이 들기 쉬우므
로 서른이 넘었다면 추천하지
않습니다.

가을·겨울용 펠트 모자. 스커트 차림에도 잘 어울립니다.

봄·여름의 필수품인 흰색 모자. 블루 원톤 코디에 맞춰 산뜻한 인상으로.

모자와 백을 라피아 소재로 맞춰 여름답게.

모자에 관한 고민

파운데이션으로 모자 안쪽이 더러워진다

 오염 방지 테이프를 붙임

모자 안쪽 이마가 닿아 더러워지기 쉬운 부분에 적당한 길이로 테이프를 잘라 붙입니다. 더러워지면 테이프를 교체하면 되므로 깔끔하죠. 가격도 적당해서 부담 없이 사용할 수 있습니다.

오염 방지 테이프

바람에 모자가 날린다

 틈새 방지 테이프를 붙임

균일가 잡화점이나 할인 매장 등에서 판매하는 틈새 방지 테이프나 모자 전용 사이즈 조절 테이프를 모자 안쪽에 붙여서 쾌적하게!

틈새 방지 테이프

 보통 머리핀으로 머리카락과 모자를 고정

귀 윗부분에서 모자 안쪽의 땀 패드 부분을 머리카락과 함께 머리핀으로 고정합니다. 다소 성가시기는 해도 단단히 고정할 수 있어 좋습니다.

TECHNIQUE 07

"센스가 좋네요!"라고 칭찬받는 색 활용 테크닉

how to look smart

색 수와 배색 요령

옷 전체의 색 수는 흰색을 제외하고 3색 이내로 하는 것이 밸런스가 좋습니다.
배색은 파란색 계열과 갈색 계열의 색 맞추기가 폭넓게 사용됩니다.

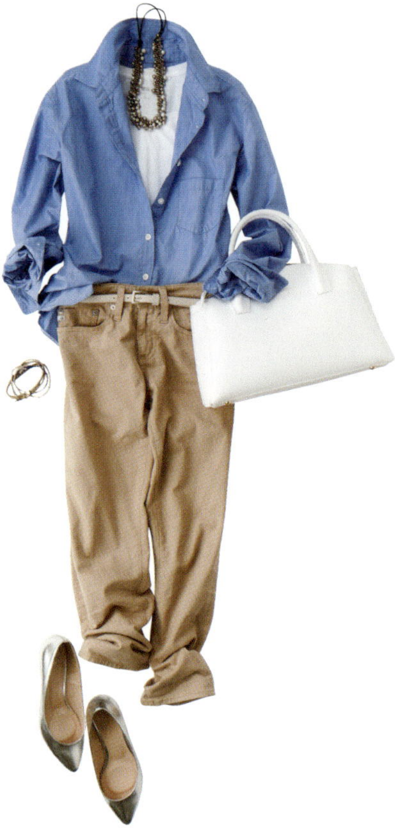

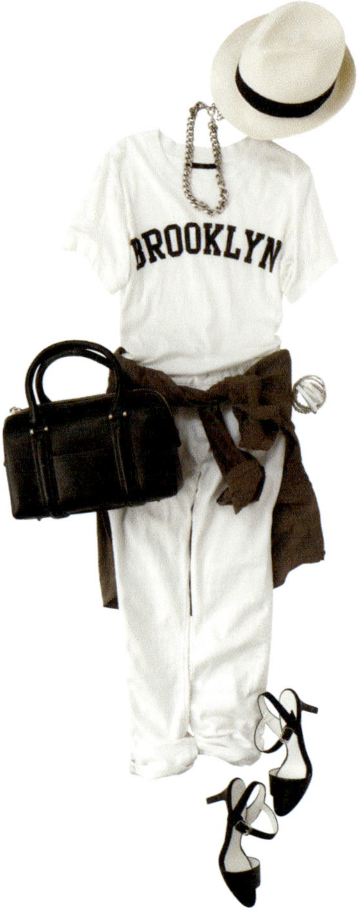

은근히 존재감을 뽐내는 색 맞추기

배색은 같은 계열 색으로 통일하는 것이 가장 간단한 방법이지만, 그 밖에 파란색 계열×갈색 계열을 추천합니다. 활용도가 높아 편리해요.

색 수를 억제하여 어른스럽게

색 수는 흰색을 제외하고 3색 이내로 하는 것이 GOOD 밸런스의 요령. 색을 너무 많이 넣으면 어지럽게 분산된 느낌이 들므로 요주의!

색이 많아질수록 코디하기가 어려워지므로 의식적으로 색을 연결한다고 생각하면
필요 이상으로 색을 늘리지 않게 되어 전체적으로 통일하기가 쉬워집니다.

색을 연결한다

전체적인 코디 안에 군데군데 색이 연결되도록 하면 통일감이 나와 센스 있게 보입니다.

검정으로 연결

옷이 올 화이트이므로 군데군데 작은 면적의 검정을 섞어 넣으면 통일감과 더불어 슬림해 보이는 효과를 얻을 수 있어요.

그레이로 연결

아우터와 신발뿐 아니라, 사실은 셔츠 깃에도 그레이가 들어가 있습니다. 알 듯 모를 듯 슬그머니 색을 연결해서 센스 있게 즐겨 보세요.

TECHNIQUE
08

탱크톱 고르는 방법과 입는 방법

how to look smart

탱크톱 고르는 방법과 맵시 있게 소화하는 테크닉을 가르쳐 드립니다!

[흰색과 라이트그레이의 탱크톱이 있으면 OK!]

색깔과 소재 고르는 방법

처음에 갖춰 두면 좋은 색은 라이트그레이와 흰색. 소재는 겉에서 보여도 상관없는 리브 소재. PLST의 탱크톱은 적당한 두께에 형태도 망가지지 않아 좋습니다!

— 라이트그레이

라이트그레이는 비치지 않고 또 겉에서 보여도 속옷처럼 보이지 않습니다.

— 흰색

흰색은 일부러 탱크톱을 살짝 보이게 하는 코디 등에 활용할 수 있습니다.

[다음으로 갖출 색상은 네이비]

흰색과 라이트그레이 다음으로는 네이비 색상을 추천. 짙은 색 상의를 입을 때 이너로 입게 가지고 있으면 편리합니다.

구매 시 점검 항목!

- ☑ 깃 부분의 파이핑이 지나치게 좁거나 굵지 않을 것
- ☑ 목둘레의 파임이 너무 깊거나 얕지 않고 적당할 것
- ☑ 가슴 부분이나 소매 둘레가 딱 맞아 틈 사이로 속옷이 보이지 않을 것
- ☑ 길이가 충분할 것(옷을 겹쳐 입었을 때 밑단 아래로 살짝 보일 정도의 길이, 구부려도 속옷이 보이지 않는 것)
- ☑ 필연적으로 세탁 횟수가 많아질 수밖에 없는 아이템이므로 형태가 쉽사리 망가지지 않고 튼튼할 것

상의와 겉으로 내보이는 탱크톱의 질감이 맞지 않으면 뒤죽박죽인 느낌이 들기 쉬우므로 가능한 한 맞춰주는 것이 좋습니다.

1 면 소재 탱크톱

  + 

⇨ 여러 번 빨아서 색이
　바랜 듯한 천연 소재 셔츠

⇨ 마 소재 셔츠 등

2 실크 레이온 소재 탱크톱

  + 

⇨ 광택감이 있는 블라우스

⇨ 부드러운 소재의 상의 등

[**남들과 다르게 탱크톱 입는 방법**]

→

어두운 톤에 흰색을 사용해 적당히 힘을 뺀 느낌!

어두운 배색 코디에 흰색 탱크톱을 살짝 드러내 보임으로써 전체적으로 밝아 보입니다.

겹쳐 입기 테크닉

셔츠 안에 겹쳐 입은 탱크톱이 보이도록 하여 입체감을. 자연스러우면서도 세련된 느낌을 줍니다.

활용도 만점! 크루넥 카디건

how to look smart

요즘은 캐주얼 테이스트가 주류로 V넥 카디건이 우세입니다만, 베이식한 크루넥(둥근 형태) 카디건도 단추를 잠그는 방법이나 입는 방법에 따라 인상이 달라지는 즐거운 아이템입니다.

기본 착용 방법

variation 1

셔츠를 안에 받쳐 입어 멋있게. 커프스를 절반 꺾어주면 스마트한 느낌이 듭니다.

variation 2

단추를 전부 잠가 타이트한 느낌으로. 풍성한 스커트나 와이드팬츠와 매치해서 입습니다.

variation 3

팔을 소매에 끼우지 않고 카디건을 어깨에 걸칩니다. 어른스러운 분위기를 연출하고자 할 때.

variation 4

위쪽 단추만을 잠급니다. 여성스럽게 보이고자 할 때. 맨 위쪽 단추는 풀어도 OK.

variation 5

가운데 단추만을 끼워 내추럴하면서 세련된 느낌을 연출.

variation 6

흰색 셔츠의 깃을 카디건 위로 꺼내 어른스러우면서도 귀엽게.

백과 신발의 색은 꼭 맞춰야 할까?

how to look smart

TPO(Time, Place, Occasion)나 자신을 어떻게 보이게 하고 싶으냐에 따라
색깔을 맞추기도 하고 안 맞추기도 하면서 직접 인상을 구별하여 사용!

백과 신발의 색을 맞춘다. ⇨ 포멀한 자리에 가거나 단정한 인상을 주
고자 할 때 등.

검정 백과 신발로 단정한 느낌을.

백과 신발의 색을 맞추지 않는다.

 ⇨

세련된 패션 감각을 연출하고자 할 때. 위의 경우와 비교하면
캐주얼한 분위기라고 할 수 있습니다.

간단! 스톨 매는 방법

how to look smart

스톨은 빠르게 코디에 변화를 줄 수 있어 좋습니다. 패션 감각이 드러나
보이도록 빠르고 손쉽게 매는 두 가지 방법을 소개합니다.

[얇은 소재의 대형 스톨을 스누드(Snood) 풍*으로 매기 /봄, 가을]

모 패션 브랜드에서 추천하는 방법을 소개합니다. 대형 스톨이라면 손쉽게 그리고 예쁘게 맬 수 있습니다.

*스누드(Snood) 풍 : 머플러와 터틀넥의 중간 형태로 둥글게 양끝이 연결된 고리 형태의 디자인으로 일명 '넥워머'라고도 함.

① 너비를 조절한 스톨을 머리에서부터 같은 길이로 늘어뜨려 앞에서 교차한 후 뒤쪽으로.

② 뒤쪽도 앞에서와 마찬가지로 교차한 후 스톨 끝을 앞으로 가져옵니다.

③ 머리에 걸려 있는 부분을 뒤쪽으로 내리고 스톨의 끝은 그대로 묶습니다.

④ 묶은 부분은 보이지 않도록 모양을 잡아주면 완성입니다.

[캐시미어 등 두꺼운 소재의 대형 스톨을 밀라노(Pitti Knot) 풍*으로 매기 /겨울]

① 좌우 길이의 차이를 약간 두고 한 번 감아줍니다(길이 조절은 취향에 따라).

② 끝이 긴 쪽을 감은 스톨 안쪽에서 들어 올려 생긴 고리 안에 반대쪽 짧은 부분의 끝을 통과시킵니다.

③ 모양을 잡아주면 완성입니다.

밀라노(Pitti Knot) 풍은 얇은 소재 스톨로도 얼마든지 모양새가 납니다. 헐렁하게 감는 것이 요령이죠.

*밀라노(Pitti Knot) 풍 : 이탈리아 피렌체에서 열리는 "피티 이마지네 워모(Pitti Immagine Uomo)"에 참가한 패션 관계자들이 했다는 데서 이름이 붙여졌다고 함.

TECHNIQUE 12

스웨트 팬츠를 실내복처럼 보이지 않게 하는 요령

how to look smart

즐겨 입는 아이템이지만, 아무래도 촌스럽게 보이기 쉬운 스웨트 팬츠. 재킷이나 셔츠 등은 펑퍼짐하지 않고 직선적인 라인의 아이템을 맞춰 실내복 같은 느낌을 지워줍니다. 또한, 코디 전체를 보이시한 분위기로 연출하는 것이 포인트입니다.

재킷을 스웨트 팬츠와 스니커로 매치하여 스포티 테이스트로.

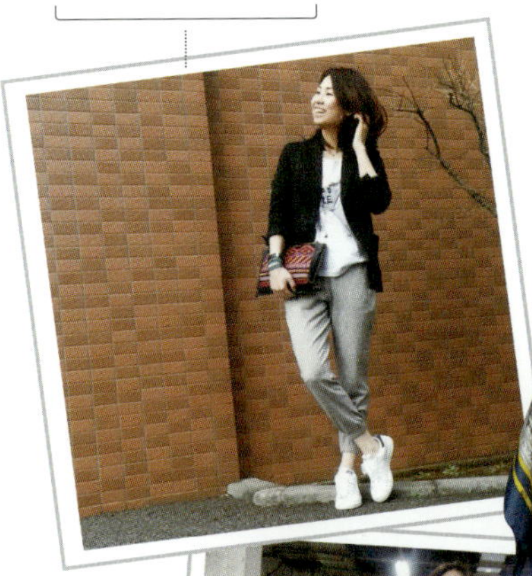

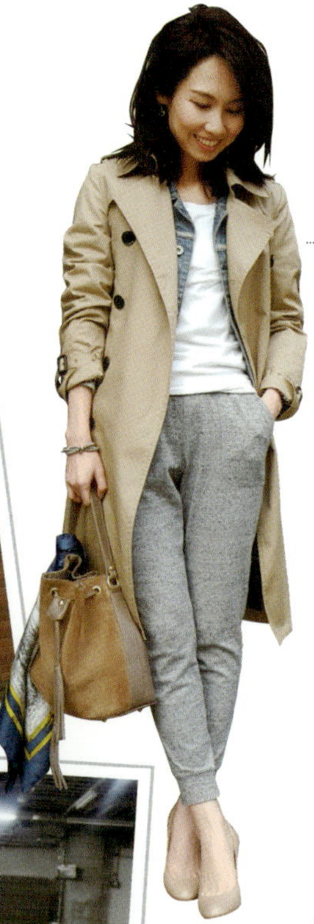

트렌치코트로 연출한 단정한 느낌의 코디. 단정한 느낌의 아이템과 매치한 품위 있는 연출.

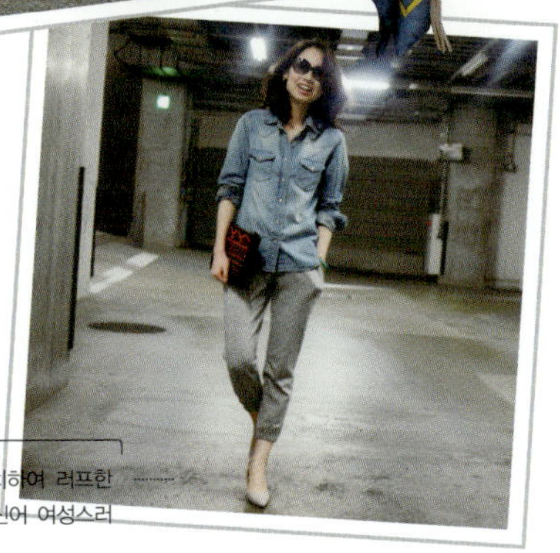

데님 셔츠를 매치하여 러프한 분위기로. 힐을 신어 여성스러운 느낌을 강조.

스웨트 팬츠 고르는 요령

- 적당한 두께의 소재로 몸의 윤곽이 잘 드러나지 않는 것.
- 부해 보일까 봐 신경 쓰인다면 네이비 등의 슬림해 보이는 색을 활용.
- 단정치 못하게 보이는 오버 사이즈는 NG. 적당히 핏한 느낌이 드는 것을 고른다.

신발을 활용한 패션 스타일링 숨은 비법을 소개합니다!

| 하이컷 스니커의 고민을 해결하는 숨은 비법 |

1. 신고 벗기기 어렵다

→ 신발 끈을 균일가 잡화점에서 파는 늘어나는 끈으로 바꿔 주면 문제 해결! 고무라서 놀라울 정도로 신고 벗기가 편해요! 아이용 운동화에도 추천합니다.

2. 발목 부분이 높게 올라와서 다리가 짧아 보이기 쉽다

→ 인솔을 이용해 스타일업. 이것도 균일가 잡화점에서 구매할 수 있습니다.

| 펌프스 밖으로 페이크삭스가 보이지 않도록 하는 숨은 비법 |

① 끝이 뾰족한 펌프스 등과 같이 발등이 파인 구두의 경우 안에 신은 페이크삭스가 겉으로 드러나게 마련이죠. '발등 부분을 깊게 판 타입'이라고 쓰여 있어도 실제로 신어보면 사진과 같이 됩니다.

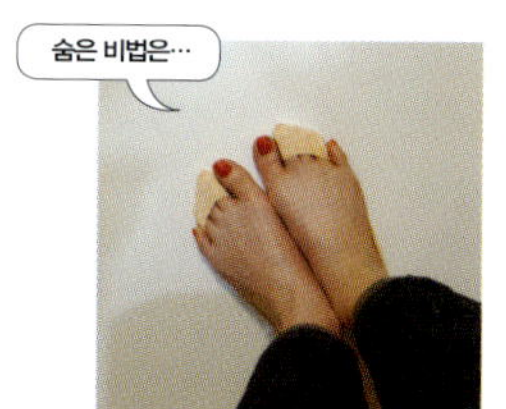

② 그래서 엄지와 새끼발가락을 제외한 발가락에만 페이크삭스를 살짝 걸치듯 끼워줍니다. 이때 중요한 것은 엄지와 새끼발가락에는 씌우지 않는 것입니다.

③ 이렇게 하면 신발 속의 페이크삭스가 전혀 보이지 않죠! 가지고 계신 것으로 손쉽게 할 수 있으므로 꼭 한 번 해보세요!

Chapter 02

BASIC ITEM

베이식 아이템

이제 더는 고민하지 마세요!

나만의 베이식 아이템을 고르는 방법

셔츠

면 소재 셔츠는 일 년 내내 유용한 아이템입니다. 아우터 감각으로 걸치거나 그대로 입어도 되고, 또 허리에 두르거나 니트나 아우터의 이너로 활용하기도 좋아 범용성이 높다는 점이 매력이죠. 소매는 러프하게 감아올려 여성스럽게.

VARIOUS SHIRTS

[블루 셔츠]
– blue shirt

부담 없이 입을 수 있으며 이것 한 장만으로도 그럴싸하게 멋이 나는 블루 셔츠. 어떤 베이식 컬러와도 궁합이 좋아 코디하기 좋습니다.

[체크 셔츠]
– check shirt

아이 같아 보이기 쉬운 깅엄체크 셔츠는 검정을 고르면 어른스러운 느낌이 듭니다. 코디는 모노톤으로 샤프하게 마무리해도 좋고, 강조 색을 사용해서 어른스러우면서도 귀여운 느낌으로 연출해도 좋습니다.

[데님 셔츠]
– denim shirt

구김이 신경 쓰이지 않으므로 여행 시에 매우 유용합니다. 남성복처럼 보이기 쉬우므로 입는 방법이나 포인트를 줘서 여성스러움을 강조하면 좋겠지요. 올 시즌 OK.

[화이트 셔츠]
– white shirt

심플한 까닭에 오히려 고르기도 입기도 조금 어렵습니다. 서로 다른 소재의 셔츠로 다양한 분위기를 즐길 수 있으면 좋겠죠. 참고로 내가 평소 즐겨 입는 실내복은 무인양품(MUJI) 브랜드의 워시 아웃(물 빠진) 셔츠입니다.

[리넨 셔츠]
– linen shirt

흡습, 속건성이 우수하며 시원한 질감의 리넨은 습도가 높은 여름철에 매우 적합한 소재입니다. 사용할수록 맛이 나는 소재이므로 해마다 조금씩 구매하는 것도 은밀한 즐거움. 구김이 신경 쓰이는 분은 살짝 다림질해주세요.

shirt … GALLARDAGALANTE
pants … PLST
bag … ZARA
shoes … Pili Plus
sun glasses … aquagirl

셔츠 허리 부분의 처리 &
소매 감아올리는 방법

허리둘레

① 하의 안에 셔츠 앞부분만 집어넣습니다.(한 번 집어넣으면 깔끔하게 마무리됨)

② 거울을 보면서 허리둘레에 조금씩 볼륨이 생기도록 미세 조정합니다.

사람의 시선은 보통 선단(소맷부리나 밑단)에 가게 되므로 소매를 그대로 내리면 중심이 밑으로 내려가 상체가 무겁고 촌스럽게 보인다.

소매 감아올리는 방법

① 소매의 3분의 2 정도 크기로 감아올립니다.

② 커프스가 보이는 상태로 또다시 러프하게 감아주세요.

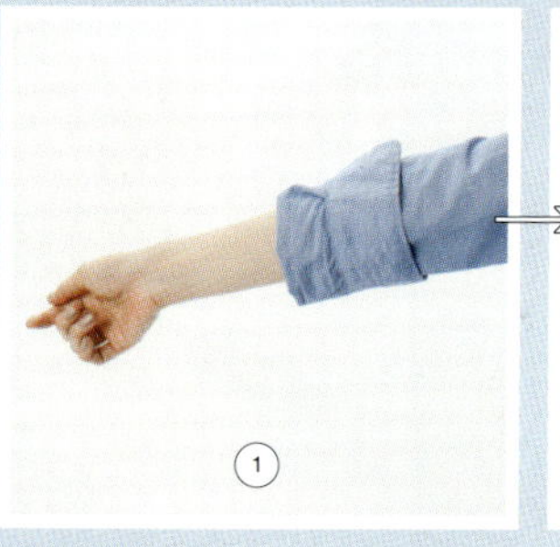

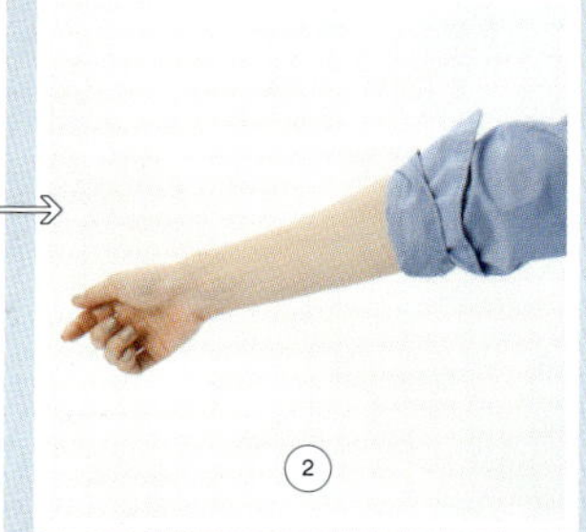

니트와 셔츠를 겹쳐 입는 경우

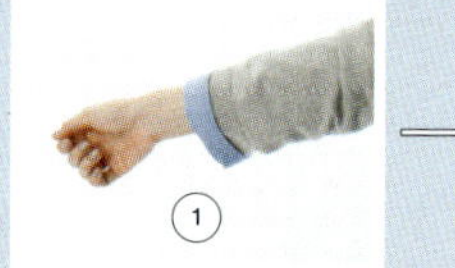

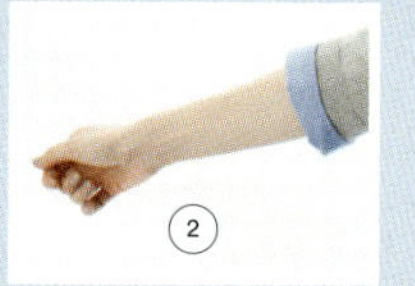

니트 소맷부리 아래로 커프스의 절반 정도를 끄집어냅니다.

끄집어낸 부분만 꺾어 접어서 그대로 위로 올려주세요.

청재킷의 경우도 위와 같아요!

WHITE SHIRTS

recommend coordinate N°01

메탈릭 펌프스로 코디에 샤프한 느낌과
세련된 분위기를 더함

바지 주름이 살아 있는 팬츠에 체크 셔츠를 매치하여
살짝 언밸런스한 느낌을 통해 세련되게 연출. 강조색
으로 사용된 파란색 스톨은 모노톤과 잘 어울립니다.

shirt ⋯ MUJI
pants ⋯ UNIQLO
stole ⋯ ZARA
bag ⋯ &.NOSTALGIA
pumps ⋯ Boisson Chocolat

recommend coordinate N°02

심플한 배색에 광택감이 있는 레드를
한 점 투입, 평상시 코디에 변화구를

부분적으로 포인트를 준 빨간색을 강조 색으로 삼고
부드러운 소재의 블라우스와 팬츠를 매치해 중저가
옷이지만 드레시한 코디. 체인백은 크로스로 매도 멋
이 납니다.

tops ⋯ UNIQLO
pants ⋯ UNIQLO
bag ⋯ LORENS
pumps ⋯ PRINGLE 1815

recommend coordinate N°03

색깔과 소재를 믹스시킨
어른을 위한 캐주얼 코디

블루와 핑크의 어른스러우면서도 귀엽고 임팩트한 배색. 백과 신발은 베이식 컬러로 통일하여 균형을 맞춰줍니다.

shirt … UNIQLO
tank-top … UNIQLO
pants … N.Natural Beauty Basic
bag … MASION VINCENT
sandal … ADAM ET ROPÉ

recommend coordinate N°04

노란색을 강조한 따뜻한 색 계열 배색에
흰색 셔츠로 산뜻한 느낌을

임팩트 있는 노란색도 같은 계열 색인 캐러멜, 베이지와 함께라면 매치하기 쉽지요. 허리둘레는 벨트를 사용해서 단정하고 슬림한 느낌으로.

shirt … MUJI
knit … NOMBRE IMPAIR
pants … Theory
bag … OTTO GATTI
pumps … AmiAmi

recommend coordinate N°05

너무 딱딱한 느낌이 들지 않도록 카고팬츠를 부드러운 소재의 셔츠에 매치하여 여성스럽게

카키는 그레이를 포함한 색이므로 그레이와 잘 맞습니다. 워크 테이스트* 카고팬츠는 슬림한 실루엣이라면 깔끔하게 입을 수 있어요.

shirt ⋯ GALLARDAGALANTE
tank-top ⋯ UNIQLO
pants ⋯ PLST
bag ⋯ &.NOSTALGIA
shoes ⋯ adidas

*워크 테이스트 : 주머니 위치나 날씬한 실루엣 등이 조화로워 편안한 일상복 느낌의 아이템이지만, 여성스럽게 입을 수 있는 제품입니다.

recommend coordinate N°06

트래디셔널한 체크 셔츠를 여성스럽게 연출하여 전체적인 분위기를 체인지

캐주얼한 플란넬 소재의 체크 셔츠를 타이트스커트와 힐로 매치해 단정한 차림새로. 네이비와 갈색 계열은 잘 어울립니다.

shirt ⋯ OLD NAVY
skirt ⋯ UNIQLO
bag ⋯ MASION VINCENT
pumps ⋯ VII XII XXX

데 님

캐주얼한 느낌이 강하지만, 어떻게 연출하느냐에 따라 분위기가 달라질 수 있는 활용도 높은 아이템이라는 점에서 무심코 손이 가는 베이식 아이템입니다.

DENIM PANTS

[화이트 데님]
– white denim

2016년 시즌 활용. 막 입고 막 세탁해도 괜찮은 저렴한 가격의 것으로 봄여름은 산뜻하게, 가을겨울은 깔끔한 색상 대비로 멋있게. 어떤 코디도 품위 있게 연출해줍니다.(UNIQLO)

[블루 데님]
– blue denim

은은하게 물 빠진 느낌이 절묘한 보이프렌드 핏 데님. 다리를 입체적으로 보여줍니다. 허리둘레는 여유롭고, 밑단으로 갈수록 폭이 좁아지는 형태로 입기 편하고 여성스러운 실루엣.(MUJI)

[그레이 데님]
– gray denim

블루는 왠지 어렵고, 흰색을 주저하는 사람에게 추천. 베이식 컬러뿐 아니라 어떤 색과도 잘 어울려 멋있게 보여주는 것이 그레이의 힘.(UNIQLO)

knit ··· ZARA
pants ··· UNIQLO
bag ··· MAISON VINCENT
short boots ··· Masumi
stole ··· Johnstons

밑단 롤업 방법

데님을 여성스럽게 입는 가장 빠른 방법은 밑단의 롤업.
발목을 드러냄으로써 편안하면서도 세련된 감각을 연출하여 스타일업 효과가 있습니다.

데님의 타입에 따라 롤업 방법을 바꾸는 것이 비법!

❶그대로 입은 상태
❷러프하게 한 번 접음
❸다시 반으로 접음

POINT

지나치게 감아올리지 않
도록 하고 또 너무 깔끔
하게 감지 않도록 할 것.

❶그대로 입은 상태
❷작게 한 번 접음

POINT 작게 한 번 접어서 복숭
아뼈가 보이는 정도의
길이로 하면 밸런스 굿.

recommend coordinate N°01

평범한 데님 차림도 노란색의 효과로
기분도 코디도 해피!

옅은 노란색이라면 무난하게 이용하기 쉽습니다.
리넨으로 마음도 소재도 경쾌한 휴일 릴랙스 코디.

shirt ⋯ UNIQLO
tank-top ⋯ UNIQLO(white), PLST(gray)
denim⋯ MUJI
bag⋯ Sans Arcidet
shoes ⋯ DANIELE LEPORI

recommend coordinate N°02

깅엄체크 셔츠를 허리에 둘러
품위 있는 어른의 캐주얼 스타일을 연출

아이 같아 보이기 쉬운 깅엄체크는 전체의 색깔 수를
억제하여 어른스럽게 하면 매우 좋습니다. 백과 펌프스
의 색은 굳이 맞출 필요 없이 캐주얼하게.

hat ⋯ Marui
knit ⋯ ZARA
denim ⋯ UNIQLO
shirt ⋯ MUJI
bag ⋯ &.NOSTALGIA
pumps ⋯ Ami Ami

recommend coordinate N°03

옷을 블루 계열로 통일하여
액티브하게

전신 '멘즈 스타일'이므로 머리 모양은 귀여운 스타일
로 균형을 잡아주면 좋겠지요. 흰색 백으로 편안하고
자연스러운 느낌으로 코디.

shirt ··· UNIQLO
cut&sew ··· IENA
denim ··· MUJI
bag ··· MAISON KITSUNÉ
shoes ··· UNITED ARROWS

recommend coordinate N°04

화이트 데님이라면
드레시한 스타일의 아이템과도 궁합이 베리굿!

데님은 캐주얼한 느낌이 크지만, 흰색이라면 고상한 느
낌을 유지할 수 있습니다. 백의 무늬 일부와 펌프스의
노란색을 연결하여 통일감을.

tops ··· BEAUTY&YOUTH
pants ··· UNIQLO
bag ··· ne Quittez pas
pumps ··· enchanted

recommend coordinate N°05

러프한 데미지 데님을 빨간색 펌프스 힐로
어른스러우면서도 귀엽게

강조 색인 빨간색 펌프스 이외는 베이식 컬러로 통일하여 심플하게. 광택감 있는 레드로 여성스러움을 강조합니다.

stole ··· MUJI
knit ··· GU
bag ··· MAISON VINCENT
denim ··· UNIQLO
pumps ··· PRINGLE1815

recommend coordinate N°06

러프한 배색 코디도 리넨 소재의 셔츠로
은은하게 여성스러움을 연출

그레이×카키의 어두운 배색을 흰색 토트백으로 깔끔하게 연출. 발목을 드러내어 내추럴한 느낌을 주는 것이 포인트입니다.

shirt ··· ZARA
tank-top ··· PLST
denim ··· UNIQLO
bag ··· MAISON KITSUNÉ
shoes ··· Pili Plus
sunglasses ··· aquagirl

재킷

재킷은 걸치기만 해도 차려입은 느낌이 들므로 캐주얼 코디에는 빼놓을 수 없는 아이템. 특히 편리한 것이 저지 소재의 재킷입니다. 카디건이나 파카와 같은 감각으로 부담 없이 걸칠 수 있으며 주름이나 구김이 안 생기는 소재라서 출장이나 여행 시에도 매우 적합합니다.

[어깨]
– shoulder

"옷은 어깨로 입는다"라는 말이 있을 정도로 재킷의 경우 어깨의 인상이 중요합니다. 재킷 어깨의 가장 높은 부분과 자신의 어깨 톱 위치가 딱 들어맞는 것을 고르세요.

[소재]
– material

저지 소재라면 파카 감각으로 부담 없이 입을 수 있습니다.

[소매]
– sleeve

소매는 걷어 올리면 자연스러우면서 세련된 느낌.

[깃]
– collar

깃은 폭이 좁은 것이 쿨하고 샤프한 인상. 폭이 넓은 것은 올드한 인상을 풍깁니다.

[등]
– back

입어 볼 때 주름이 생기지는 않는지 뒷모습도 확인하세요.

[단추]
– button

단추는 기본적으로 풀어서 입습니다. 단추를 잠글 때는 배꼽 아래 단추는 잠그지 않는 것이 일반적.

[길이]
– length

길이는 엉덩이를 반쯤 덮을 정도나 그보다 살짝 아래까지 오는 길이가 좋아요.

흘러내리지 않는 소매의 비밀

1 접고자 하는 위치에 재킷과 같은 색깔의 고무줄을 끼웁니다(머리 고무줄도 OK).

2 고무줄 가까이에서 소매를 꺾어 접습니다.

3 그대로 위로 올려줍니다(팔꿈치는 가린다).

Output
1F
#107-3-22-1 AOBADAI MEGURO-KU TOKYO 153-0042 JAPAN
STORE HOURS : PM12 OPEN , PM20 CLOSE
THE "ANGER" MANAGEMENT IS NOT WORKING
COME
PUT
ER SALE
E OPEN
jacket … PLST
t-shirt … MOUSSY
pants … PLST
bag … &.NOSTALGIA
shoes… adidas

recommend coordinate N°01

재킷에 보더티를 매치하여
품위 있게 캐주얼 다운*

보더티×컬러 팬츠는 지금 현재 나의 패션 중에서도
가장 멋있다고 생각하는 재킷 팬츠 스타일. 앞 주름이
있는 단정한 느낌의 팬츠로 드레시한 룩을 연출합니다.

hat ··· Marui
jacket ··· PLST
knit ··· MACPHEE
pants ··· N.Natural Beauty Basic
shoes ··· UNITED ARROWS
bag ··· MASION KITSUNÉ

*캐주얼 다운 : 캐주얼 감각을 다소 자제한, 즉 약간 클래식한 스타일의 캐주얼 룩.

recommend coordinate N°02

드레시 룩부터 캐주얼 룩까지 모두
잘 어울리는 흰색 재킷은 봄여름 필수 아이템

옷에 프린트된 핑크와 핑크 백을 연결해 멋스럽고 귀
엽게. 중저가 제품의 면 재킷은 깔끔하게 다림질하는
것이 고급스러워 보이는 비결.

jacket ··· UNIQLO
t-shirt ··· CHEAP MONDAY
bag ··· kate spade NEW YORK
pants ··· UNIQLO
sandal ··· Boisson Chocolat
sunglasses ··· aquagirl

recommend coordinate N°03

심플한 오피스 룩을
흰색 백으로 화사하게

색깔도 아이템도 정통적인 매치. 신발과 백의 색깔은 굳이 통일하지 않음으로써 완벽하게 갖춘 느낌을 피합니다. 무늬를 포인트로 살려 깊이 있는 스타일을 연출.

jacket ··· PLST
inner tops ··· UNIQLO
pants ··· UNIQLO
bag ··· IACUCCI
pumps ··· Ami Ami
stole ··· 5351 POUR LES FEMMES

recommend coordinate N°04

그린을 강조 색으로
단조로움을 보강

무척 좋아하는 베이지와 그린을 배색. 생뚱맞게 어깨에 걸쳐도 잘 녹아들어 멋지게 보이는 것이 그린의 파워.

jacket ··· VINCE.
t-shirt ··· UNIQLO
knit ··· theory
pants ··· UNIQLO
bag ··· OTTO GATTI
shoes ··· Pertini

recommend coordinate N°05

오피스 룩도 저지 소재의 재킷이라면
편하면서도 단정

단정한 스타일의 원피스도 잘 매치되는 이유는 정통 스타일 재킷 때문입니다. 스톨을 무늬 없는 것으로 바꾸면 더욱 시크한 느낌을 줍니다.

jacket ⋯ PLST
one-piece ⋯ KNOTT
bag ⋯ &.NOSTALGIA
stole ⋯ 5351 POUR LES FEMMES
pumps ⋯ Ami Ami

recommend coordinate N°06

네이비 블레이저&데님을 펌프스 힐로
여성스럽게

재킷&벨트&펌프스 힐로 드레시한 스타일을 연출하면서 토트백으로 캐주얼 다운. 살짝 엉뚱한 발상을 살려 편안한 느낌으로.

jacket ⋯ Whim Gazette
denim ⋯ UNIQLO
knit ⋯ UNIQLO
bag ⋯ MAISON KITSUNÉ
pumps ⋯ VII XII XXX
glasses ⋯ JINS

<table>
<tr><td>

recommend coordinate Nº07

과감하게 트래드한 분위기를
즐기고자 할 때의 코디

네이비 블레이저에 버튼다운 셔츠의 트래드 스타일을
블루데님으로 캐주얼함을 살린 매니쉬 스타일. 머리 모
양을 여성스럽게 하여 밸런스를 잡아줍니다.

jacket ··· Whim Gazette
shirt ··· GAP
denim ··· PLST
bag ··· MUJI
shoes ··· UNITED ARROWS
glasses ··· JINS

</td><td>

recommend coordinate Nº08

네이비 블레이저가 지닌
품격을 이용해 한껏 캐주얼하게

네이비 블레이저에 스포티한 아이템으로 연출한 어른
의 휴일 스타일. 일부러 언밸런스하게 연출하는 것을
좋아합니다.

jacket ··· Whim Gazette
t-shirt ··· MOUSSY
denim ··· UNIQLO
shirt ··· MUJI
bag ··· &.NOSTALGIA
shoes ··· adidas

</td></tr>
</table>

보더 티

색깔, 소재, 보더 무늬의 폭, 매치할 아이템에 따라 인상이 달라지는 매력
적인 아이템. "보더티를 입으면 인기가 없다"고 하는 이유는 매력 없이
보이게끔 입어서이죠. 자신을 어떻게 보이도록 하느냐에 따라 이미지는
자유자재로 바꿀 수 있다고 믿습니다.

knit ··· MACPHEE
cardigan ··· COMME CA ISM
pants ··· UNIQLO
pumps ··· Ami Ami
bag ··· OTTO GATTI

여러 가지 보더티

보더 무늬는 가로 폭을 강조하는 성질상 뚱뚱해 보이기 쉽습니다.
시각적 효과를 노려 스타일 좋게 보이는 것으로 골라보세요.

width

폭의 차이로
체형 보정

왼쪽 슬림&샤프(날씬해 보이고 싶은 사람,
체구가 작은 사람) / **오른쪽** 굵다: 살이 쪄
보인다(마른 사람), 또는 왼쪽의 보더보다 캐
주얼한 느낌

가는 무늬

굵은 무늬

color

바탕색은 진한 색이
날씬해 보이는 효과가 있다

보더 무늬로 뚱뚱해 보이기 쉬운 사람은 바
탕색을 흰색이 아닌 짙은 색을 고르면 좋습
니다.

뚱뚱해 보임

날씬해 보임

design

디자인에 따른
인상의 차이

왼쪽 캐주얼하고 약간 보이시한 분위기.
오른쪽 드레시한 스타일에 잘 어울리며, 또
한 가는 실로 짜인 것이 더욱 품격 있어 보입
니다. 무늬가 없는 부분이 얼굴 주변을 밝게
보이게 하는 효과가 있습니다.

전체 보더 무늬

어깨 주변에 무늬가 없음

보더티를 입는 여러 가지 방법

필수 캐주얼 아이템인 까닭에 아무래도 남들과 비슷비슷한 스타일이 되기 쉽죠.
보통의 보더티로 세련되게 보이는 착용 방법을 소개합니다!

재킷의 이너로 착용

딱딱한 인상을 주기 쉬운 재킷 차림의 경우 보더티
로 캐주얼하게 보이면서 무난함을 탈피

셔츠와 겹쳐 입기

셔츠의 깃, 소매, 밑단이 겉으로 나오게 입어
릴랙스한 분위기를 연출.

보더티를 어깨에 걸치기

보더 무늬가 적당한 포인트가 되어
세련된 인상을 줍니다. 허리에 두르는 방법도 OK!

보더티 차림에 강조색의 카디건 등을 허리에 두르기

보더티를 그대로 입기만 하는 것으로는 다소
밋밋한 느낌이 들 때 컬러 카디건으로 악센트를 줍니다.

recommend coordinate N°01

두 가지 노란색으로 악센트를 주어
여름 햇살에도 뒤지지 않는 액티브 룩

두 가지의 강조 색을 사용하는 경우 "색을 분산한다"고
하는데. 그 테크닉을 이용해 보았습니다. 정면에서 봤
을 때 강조색이 사용된 면적을 작게 하는 것이 포인트
입니다. 여름철 바캉스 스타일.

hat ··· arth

tops ··· Le minor

knit ··· NOMBRE IMPAIR

pants ··· UNIQLO

bag ··· MASION KITSUNÉ

sandal ··· Havaianas

recommend coordinate N°02

진주 목걸이를 착용해 캐주얼한
보더티 차림을 깔끔한 드레시 스타일로

부드러운 소재의 팬츠와 진주 목걸이로 캐주얼한 보더
티를 고품격으로 업그레이드.

tops ··· Le minor

bag ··· IACUCCI

pants ··· UNIQLO

sandal ··· Boisson Chocolat

stole ··· ZARA

PEARL PLUS

MARIN

recommend coordinate N°03

스커트와도 잘 어울리는
활용도 만점의 보더티

어른스러우면서도 귀여운 네이비×핑크 배합. 이런 임팩트가 있는 핑크는 차분한 색과 매치하면 고품격을 유지.

tops ··· MACPHEE
skirt ··· UNIQLO
bag ··· kate spade NEW YORK
pumps ··· VII XII XXX

recommend coordinate N°04

흰색 데님을 매치하여
상쾌함 만점의 마린 룩

블루데님 셔츠로 코디의 강약과 세련된 느낌을 연출. 메탈릭한 펌프스는 요즘 유행하는 끝이 뾰쪽한 스타일로!

hat ··· Marui
tops ··· MACPHEE
denim ··· UNIQLO
shirt ··· AMERICAN RAG CIE
bag ··· &.NOSTALGIA
pumps ··· Boisson Chocolat

스풍커트 성한

어른 여성이 꼭 한 번 시도해 봤으면 하는 무릎 아래 길이의 풍성한 스커트. 스커트 밑단이 바람에 하늘하늘 날리면 평소와는 다른 여성스러운 기분을 느낄 수 있습니다.

[매치할 상의]
– tops

스커트에 볼륨이 있으므로 아우터를 포함해 상의는 콤팩트하게 연출할 수 있는 것이 좋습니다. 머리 모양도 단정하게 묶어주는 편이 전체적으로 밸런스가 좋아요.

[허리 부분]
– around waist

빳빳한 느낌이 있고 허리 부분에 개더가 많은 것은 입으면 팍 퍼지므로 고를 때는 신중하게

[길이감]
– length

몸의 라인을 따라 길이가 툭 떨어지는 느낌의 것, 무릎을 가릴 듯, 말 듯한 정도의 길이감이 어른에게는 잘 어울립니다.

SKIRT

[매치할 신발]
– shoes

스포티한 스니커로 반전 포인트를 주는 것도 좋고, 스타일업 효과를 노린다면 힐을 추천합니다. 봄여름은 스커트의 볼륨을 확실하게 받아주는 웨지 솔도 잘 어울리죠.

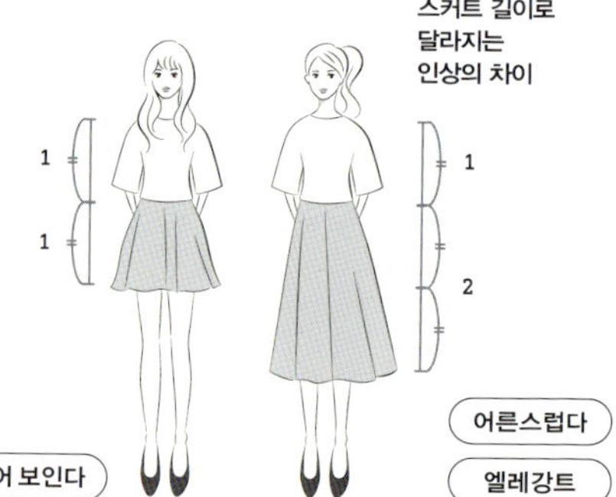

shirt … GAP
skirt … MACPHEE
sandal … ADAM ET ROPÉ
bag … RODE SKO

DENIM JACKET

recommend coordinate N°01

볼륨 있는 귀여운 스커트에
청재킷으로 캐주얼 테이스트

페미닌한 아이템과 보이시한 아이템이 섞인 믹스매치 룩의 정석. 시계, 백, 샌들의 색깔을 맞춰 단정한 느낌을 주고, 스커트 색깔과 데님 재킷의 탈색감을 연결하여 통일감을 줍니다.

denim jacket ··· YANÜK
inner tops ··· UNIQLO
skirt ··· NATURAL BEAUTY BASIC
bag ··· MASION VINCENT
sandal ··· ADOM ET ROPÉ

recommend coordinate N°02

캐주얼 아이템의 조합도
흰색 스커트라면 품격 업

서른 살이 넘었다면 페미닌 스타일의 흰색 스커트는 러프하게 연출하는 것이 좋습니다. 이러한 테이스트 믹스 코디도 어른이기에 가능한 연출이죠.

denim shirt ··· AMERICAN RAG CIE
skirt ··· Whim Gazette
bag ··· ne Quittez pas
shoes ··· adidas

recommend coordinate N°03

검정을 투입하여 리치한 느낌이 묻어나는
여름 캐주얼 코디

왕골백과 샌들의 색감을 맞춰 고상한 느낌으로 연출.
기본 아이템에 보이시한 스타일의 챙 모자를 더해 무
난함을 탈피합니다.

tops ··· UNIQLO
skirt ··· MACPHEE
bag ··· Sans Arcidet
sandal ··· ADAM ET ROPÉ
hat ··· Marui

recommend coordinate N°04

자연스러우면서도 세련된 배색을 원한다면
이것을 추천! 하늘색×카키

매우 좋아하는 하늘색×카키의 조합. 애매한 느낌이
들기 쉬운 배색이므로 흰색 소품을 사용해서 깔끔하
게 연출.

knit ··· martinique
skirt ··· MACPHEE
bag ··· IACUCCI
pumps ··· Ami Ami
sun glasses ··· aquagirl
stole ··· 5351 POUR LES FEMMES

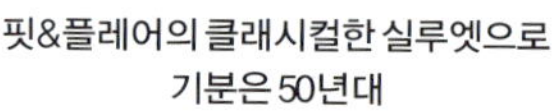

recommend coordinate Nº05

**핏&플레어의 클래시컬한 실루엣으로
기분은 50년대**

나에게 검정 터틀넥 티셔츠는 가장 클래시컬하면서 엘
레강트한 아이템입니다. 선글라스를 악센트로 삼아 전
체 색상 수를 억제하여 어른스럽게.

knit ⋯ UNIQLO(INES)
skirt ⋯ Whim Gazette
bag ⋯ RODE SKO
pumps ⋯ carino
sunglasses ⋯ aquagirl

recommend coordinate Nº06

**흰색×네이비×빨강의 삼색 배합으로
은근히 어른스러우면서도 귀여운 느낌을**

매치가 어려워 보이는 빨강도 차분한 톤을 고르면 상
당히 잘 어울립니다.

tops ⋯ Le minor
skirt ⋯ UNIQLO
bag ⋯ RODE SKO
sandal ⋯ Boisson Chocolat

KHAKI SKIRT

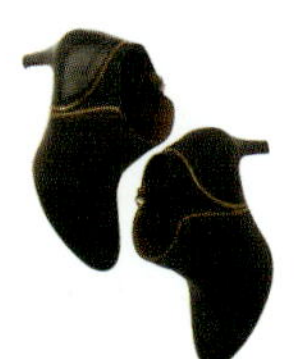

recommend coordinate N°07

같은 계열 색깔의 셔츠와 스커트를 맞춰
노블한 분위기로

매니쉬한 블루 셔츠를 여성스럽게. 셔츠 밑단은 전체적으로 스커트 안에 넣어 허리둘레를 단정하게 연출합니다.

shirt ··· UNIQLO
skirt ··· UNIQLO
bag ··· IACUCCI
pumps ··· VII XII XXX
sunglasses ··· aquagirl

recommend coordinate N°08

품격 있는 코디에 애니멀 무늬로
적당한 스파이스를

무늬 아이템도 면적이 작은 백이라면 사용하기 쉽습니다. 레오파드 무늬×카키의 조합은 궁합이 매우 좋지요.

knit ··· GU
skirt ··· MACPHEE
bag ··· IACUCCI
booties ··· Daniella & GEMMA

카디건

색깔이나 모양, 옷감 실의 굵기와 소재에 따라 이미지가 달라지며, 아우터로도 이너로도 사용할 수 있는 편리한 아이템. 어깨에 걸치거나 허리에 두르는 등, 범용성이 높다는 점도 매력적입니다.

[색]
– color

어깨에 걸치거나 허리에 두르는 등, 강조 색으로 사용할 수 있어 이처럼 선명한 색상에 도전하기 쉬운 것도 카디건의 매력이죠.

[브이넥]
– v neck

브이넥은 캐주얼한 느낌으로 릴랙스한 분위기를 연출합니다.

[사이즈]
– size

사이즈는 너무 딱 맞지도 않고 너무 크지도 않아 딱 좋은 핏의 감을 고르면 좋아요.

[크루넥]
– crew neck

크루넥은 여성스러운 이미지를 살리는 데 효과적입니다.

크루넥 카디건 착용 시 목 부분을 꾸미는 여러 가지 방법. 정통 아이템이니만큼 무난한 느낌이 들기 쉽습니다. 소개한 조합 이외에도 각자 자신이 좋아하는 스타일, 자신에게 어울리는 스타일을 자유자재로 응용하면서 즐겨 보세요.

진주 목걸이로 엘레강트하게. 상의는 러프하게
캐주얼 다운시켜 균형을 맞춥니다.

깃을 굳이 밖으로 내놓지 않습니다.
매니쉬한 감각으로.

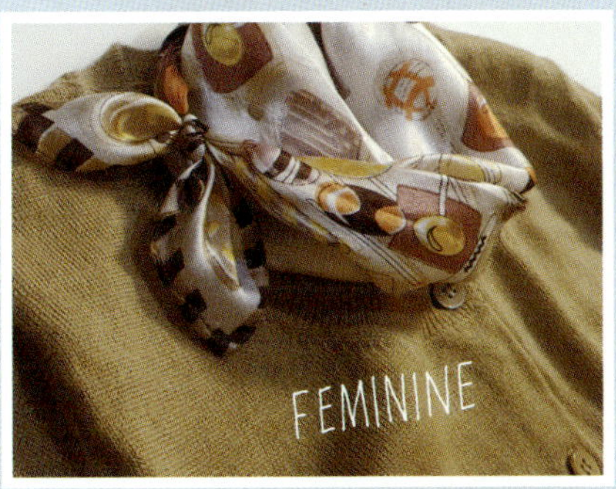

실크 스카프를 이용해 여성스러운 느낌으로 연출.

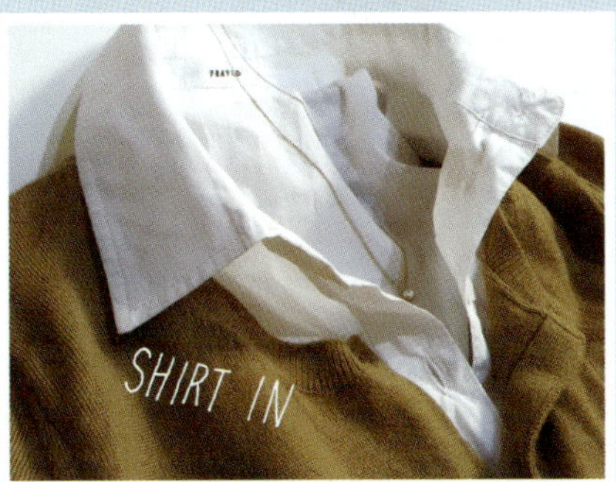

단추를 풀어 러프함을 강조한 셔츠인 스타일.
살짝 보이시한 느낌을 주면서도 여성스러운 인상.

실의 굵기나 옷감의 밀도로 인상이 달라진다!

로 게이지 니트

(실이 굵고 코가 넓으며 원단이 두껍다)
러프, 캐주얼, 릴랙스한 느낌

하이 게이지 니트

(실이 가늘고 코가 촘촘하며 원단이 얇다)
고상하고 세련된 느낌

recommend coordinate N°01

코 간격이 넓은 브이넥 카디건을
걸쳐 입고 여성스럽게

백 색깔을 확실하게 살려 왕도인 네이비 코디를 프레시하게. 색감을 살리기 위해 다른 아이템의 색깔은 심플하게 하는 것이 좋습니다.

cardigan ··· UNIQLO
shirt ··· THOMAS MASON for ROPÉ
pants ··· PLST
bag ··· PotioR
pumps ··· VII XII XXX

recommend coordinate N°02

심플 코디를 기본으로 트렌드 아이템
한 점을 투입한 인 패션

베이식 컬러로 통일한 심플 코디. 너무 무난해 보이지 않도록 버킷백으로 트렌드 아이템 한 점을 투입.

cardigan ··· UNIQLO
inner tops ··· UNIQLO
denim ··· UNIQLO
bag ··· MASION VINCENT
pumps ··· VII XII XXX

recommend coordinate N°03

어두운 톤의 아우터와 보텀에
카디건의 밝은 핑크를 강조 색으로 이용

강조 색 이너로 사용할 수 있는 것은 범용성 높은 카디
건의 장점. 캐주얼 룩이지만, 안에 셔츠를 받쳐 입어 드
레시 스타일로 연출.

coat ··· COS
cardigan ··· UNIQLO
shirt ··· MUJI
denim ··· UNIQLO
bag ··· MAISON KITSUNÉ
shoes ··· adidas

recommend coordinate N°04

카고팬츠도 그레이 카디건으로
부드럽고 차분한 인상으로

무난한 카고팬츠가 여성스럽게 보이는 이유는 그야말
로 절묘한 힐과의 매치 때문. 매니쉬한 분위기에서 여
성스러움이 풍기는 듯한 코디를 좋아합니다. 여기저기
그레이를 섞어 넣어 전체적으로 통일감을 연출.

cardigan ··· UNIQLO
inner tops ··· UNIQLO
pants ··· PLST
stole ··· 5351 POUR LES FEMMES
bag ··· &.NOSTALGIA
pumps ··· Ami Ami

코트
트렌
치

나에게 트렌치코트란 걸치기만 해도 괜스레 어깨가 펴지고 기분이 좋은 단골 아이템이면서도 특별한 아우터입니다. 어른의 심미안이 시험 되는 아이템이죠. 사실 나도 여러 차례 트렌치코트 선택에 실패했었습니다. 일단 정통적인 베이지를 한 벌 갖춰두고, 다른 한 벌은 활용도도 높고 검정보다는 하드하지 않은 네이비를 추천합니다.

[깃]
– collar

깃을 약간 세워 입는 것도 추천. 깃이 잘 서는지는 구매하기 전 입어 볼 때 확실하게 확인하세요. 신장이 신경 쓰이는 사람은 깃이 크지 않은 게 밸런스가 좋습니다.

[색]
– color

약간 짙은 베이지가 어른스러운 느낌.

[견장(epaulet)]
– shoulder strap

멘즈라이크한 인상. 이왕이면 어깨가 좁고 처진 사람에게 추천합니다. 처음부터 견장이 안 달린 경우도 있습니다.

[소재]
– material

원단의 강도와 어울리는 소재는 사람마다 다릅니다. 발수 효과는 물을 튕겨내 줄 뿐 아니라 오염 방지 효과도 있으며, 세탁소에서도 위와 비슷한 가공이 가능합니다.

[라이너]
– liner

탈부착 가능한 안감. 라이너가 붙어 있으면 가을에서 봄까지 오랜 기간 입을 수 있습니다. 봄철 트렌치코트는 라이너가 없는 것이 많으므로 가을겨울에 나오는 것을 추천합니다.

[단추]
– button

검정이나 짙은 색 단추가 깔끔하면서 슬림한 인상을 줍니다.

[소매]
– sleeve

소매에는 래글런 슬리브와 세트인 슬리브가 있습니다. 래글런은 어깨와 하나로 이어져 있는 소매 형태로 어깨 폭을 눈에 띄지 않게 하는 시각적 효과가 있지요.

[길이]
– length

무릎이 가려질 정도의 길이를 추천. 신장이 신경 쓰이는 사람은 그 이상 길어지지 않도록 콤팩트한 길이를 고르면 밸런스를 잡기 쉽습니다.

TRENCH COAT

trench coat … ＆.NOSTALGIA
knit … UNIQLO
skirt … UNIQLO
bag … IACUCCI
pumps … PRINGLE1815

트렌치코트를 여성스럽게 입기 위한 테크닉

남성적인 느낌이 강한 트렌치코트는 그냥 입기만 해서는 촌스러운 인상을 주기 쉽습니다.
일부러 러프하게 입으면 멋진 패션 아이템으로 바뀝니다.

CHECK POINT — Button

[단추] 단추는 모두 풀어 코트 안에 입은 옷이 살짝 보이도록 세로 라인을 만든다.

CHECK POINT — Sleeve

[소매] 소맷부리는 접어서 이너가 살짝 보이도록 하여 걷어 올린다.

CHECK POINT — Belt

[벨트] 벨트는 어느 한쪽으로 치우치게 꽉 묶어 여성스러운 허리라인을 만든다. 그리고 러프하게 한끝은 그대로 두고 다른 한끝을 거기에 감아 돌려서 매듭.

CHECK POINT — Hem

[밑단] 스커트를 착용한 경우 코트 밑단 아래로 삐져나온 치마 길이는 길어도 5~6cm 이내가 되도록 하는 것이 밸런스가 좋다.

단정하게 입으면 딱딱한 느낌이 들어서 오히려 촌스러운 느낌이 들 수도….

벨트를 등 뒤로 돌려 리본 모양으로 묶기

허리를 조여주면 라인이 예쁘게 삽니다.

버클 쪽을 짧게 하여 교차시킨다.

버클이 없는 쪽을 허리 벨트 밑에서 통과시킨다(이렇게 하면 아래로 축 처지지 않는다).

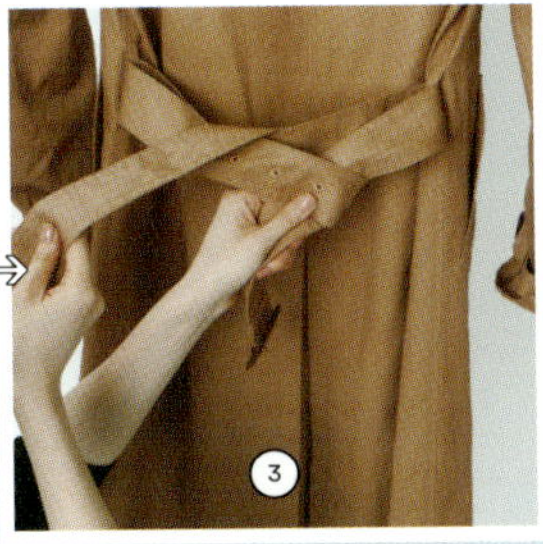

다 통과시킨 후에는 버클이 없는 쪽을 그대로 왼쪽으로 가져간다.

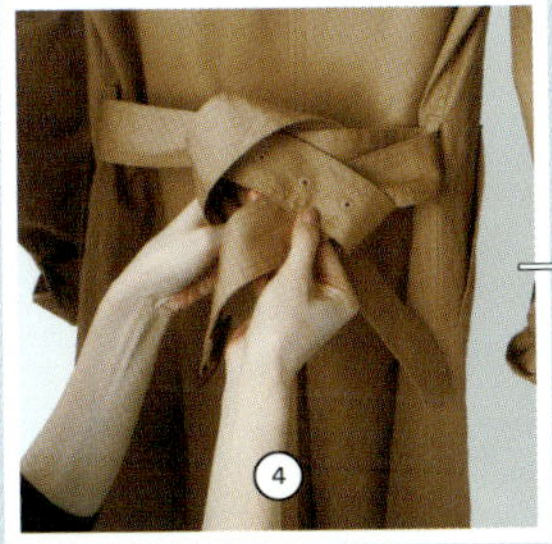

버클이 없는 쪽 밑을 오른쪽 대각선 위로.

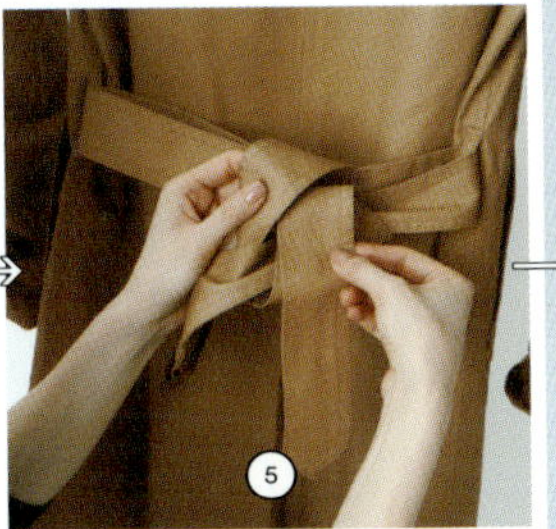

오른쪽 대각선 아래의 버클이 없는 쪽을 두 겹으로 접어 그 끝을 매듭 고리에 통과시킨다.

두 겹으로 접은 부분과 버클을 잡아당겨 모양을 예쁘게 잡아주면 완성.

벨트를 묶지 않고 호주머니 속에 집어넣으면 릴랙스한 느낌을 풍깁니다.

두 번째 코트를 마련할 때는 네이비를 추천. 안에 입은 흰색 이너가 살짝 보이게 빈틈을 만들어주는 것이 포인트.

recommend coordinate N°01

트렌치코트와 톤을 맞춘 짙은 그린으로
고상함과 시크함을 연출

베이지와 잘 어울리는 그린이라면 어려움 없이 사용할
수 있습니다. 전체를 베이지로 통일하여 그린으로 포인
트를 준 어른을 위한 고품격 캐주얼 스타일.

trench coat ··· &.NOSTALGIA
knit ··· UNIQLO
pants ··· GAP
bag ··· MASION VINCENT
stole ··· 5351 POUR LES FEMMES
pumps ··· BOUTIQUE OSAKI

recommend coordinate N°02

트렌치코트를 부담 없이 캐주얼하게
파카와 매치하여 릴랙스 스타일을 연출

트렌치코트에 러프한 데님을 매치해도 신발이 깔끔한
스타일의 검정 로퍼라면 품격 있게 보입니다. 군데군
데 흰색을 배치하는 것도 포인트.

trench coat ··· &.NOSTALGIA
parka ··· UNIQLO
t-shirt ··· MOUSSY
denim ··· MUJI
bag ··· MUJI
glasses ··· JINS
shoes ··· UNITED ARROWS

recommend coordinate N°03

**트렌치코트 위로 셔츠 깃을 보이게 하여
어른스러우면서도 귀여운 스커트 차림으로 완성**

캐주얼 룩이든 드레시 룩이든 어떤 아이템과도 잘 어
울리는 트렌치코트는 귀여운 스타일과도 잘 매치됩니
다. 토트백으로 코디에 반전 포인트를.

trench coat ⋯ &.NOSTALGIA
shirt ⋯ UNIQLO
knit ⋯ ZARA
skirt ⋯ Ballsey
tights ⋯ 3COINS
bag ⋯ MAISON KITSUNÉ
shoes ⋯ SEPTEMBER MOON(BEAMS)

recommend coordinate N°04

**베이지×하늘색×흰색이라는 세련된 어른스
러운 배색으로 트렌치코트의 매력을 어필**

전체를 옅은 색으로 통일하고 선글라스로 악센트를. 트
렌치코트의 검정 단추도 마찬가지 효과가 있다.

trench coat ⋯ &.NOSTALGIA
knit ⋯ martinique
pants ⋯ UNIQLO
bag ⋯ IACUCCI
pumps ⋯ Boisson Chocolat
sunglasses ⋯ aquagirl

키즈 코디

우리 집에는 초등학생 이란성 쌍둥이가 있습니다. 성별이 달라 똑같은 옷을 입히지는 않지만, 색깔이나 무늬 등의 요소로 연결하여 외출 시에는 통일감을 주도록 하고 있습니다. 아이들 옷은 주로 ZARA나 UNIQLO, H&M 등의 제품이 많습니다.

Kids Shoes
신발

통학용, 공원용과 외출용으로 신발을 구분하여, 통학, 공원용은 기능성 중시, 외출용은 깔끔한 스타일의 신발을 주로 착용합니다.

통학·공원용

가볍고 바닥창이 너무 딱딱하지 않고 굴곡성이 있는 것을 고릅니다.
(adidas)

외출용

네이비, 그레이 계열의 옷이 많으므로 매치하기 쉬운 것을. 외출용 신발은 ZARA가 많습니다.(ZARA)

Chapter 03

COLOR & GOODS

색과 소품의 법칙

작은 옷장도 OK!

색깔 맞춤, 소품 맞춤으로 무난함을 탈피

MY RULE
№01

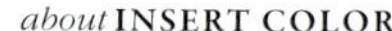

about INSERT COLOR

패션의 진수는 강조 색 사용에 있다!

베이식 컬러에 강조 색을 사용할 때는 기본적으로 1코디에 1색 1점까지. 색깔로 개성을 드러내 자기다움을 연출. 처음에는 신발이나 백과 같은 소품이나 어깨에 걸치는 니트 등 면적이 작은 것에 강조 색을 사용하길 추천합니다.

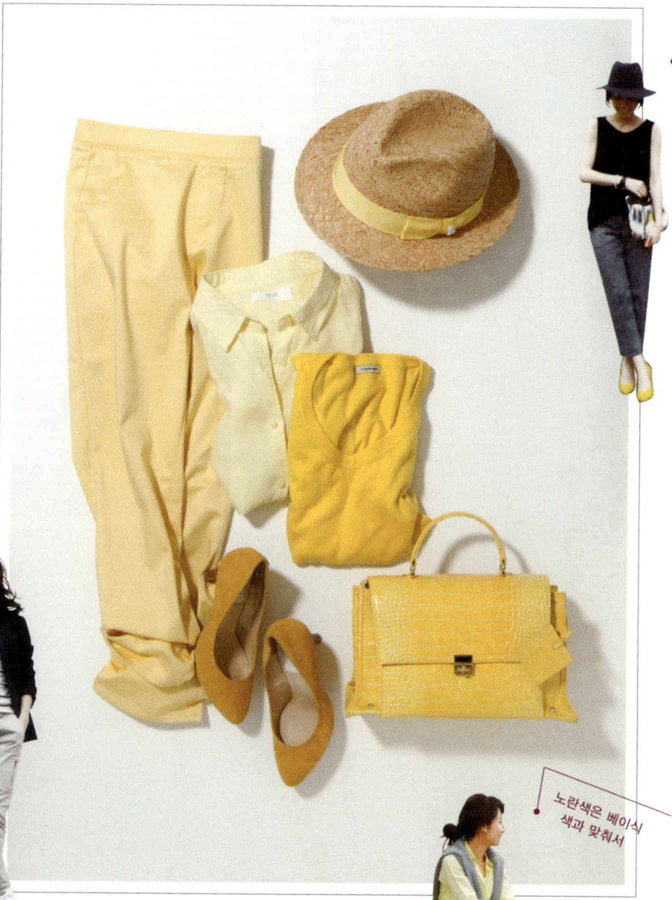

화려한 색도
펌프스라면

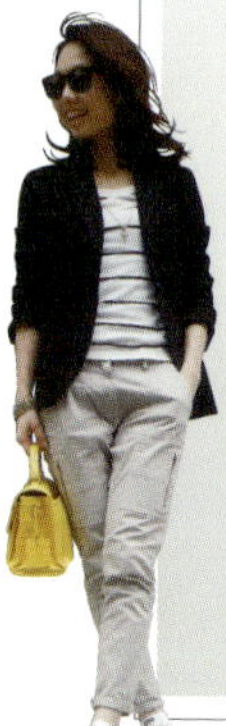

노란색 백으로
프레시하게

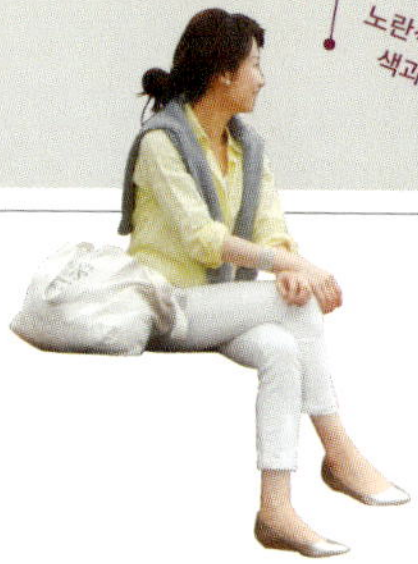

노란색은 베이식
색과 맞춰서

● ● ●
[insert color]
YELLOW
[옐로우]

어프레시한 인상으로 기분도 표정도 밝
아지는 해피 컬러.

봄여름은 레몬 옐로우나 비비드 옐로우,
가을겨울은 마스터 옐로우 등 계절에 맞
춰 즐겨 보세요. 옐로우와 베이지는 같은
계열 색이므로 잘 어울립니다.

[insert color]

RED

[레드]

임팩트 강한 색이지만, 균형 있게 사용하면 품격과 여성미를 높여주는 색이죠.

펌프스는 에나멜 소재의 끝이 뾰족한 것이 멋있습니다.

[insert color]

GREEN

[그린]

누구에게나 잘 어울리고 지나치게 튀는 느낌도 없지만, 존재감 만점의 만능 색상.

자연색으로 어떤 색과도 조화를 잘 이루므로 강조 색으로 추천하고 싶은 컬러입니다.

봄여름에는 밝고 프레시한 그린, 가을겨울은 차분한 톤의 그린을.

[insert color]

BLUE

[블루]

산뜻한 느낌에 활용하기 어렵지 않은 색이지만, 춥게 보이기 쉬우므로 갈색 계열의 아이템과 조합하면 밸런스가 좋습니다.

짙은 블루의 보텀은 데님 감각으로 사용할 수 있습니다.

[insert color]

PINK

[핑크]

색깔 자체가 여성스러우므로 너무 귀엽게 보이지 않도록 모양이나 소재, 매치하는 아이템에 신경을 써야 하는 색. 전체적으로 살짝 보이시하게 마무리하면 좋아요.

about **COLOR CHART**

유용한 배색 도감!

패션 감각이 뛰어난 사람은 배색에도 일가견이 있습니다.
베이식 컬러와의 조합으로 사용하기 쉬운 색 조합을 리얼하게 재현해 보았습니다.
여러 이미지로 응용하면 좋을 듯합니다.

GRAY STYLE

그레이

그레이만의 원 톤도 멋스럽지만. 어떤 색과도 조화를 이루는 상당히 편리한 색입니다. 조합에 따라서는 흐릿한 인상이 되기 쉬우므로 포인트가 될만한 색을 효과적으로 사용하면 좋아요.

[그레이×핑크] 파스텔 톤의 핑크도 베이식한 그레이와 함께라면 틀림없이 내추럴하면서 세련된 느낌을 줍니다. 봄철 패션의 정석 배색.

[그레이×모스 그린] 얼핏 사용하기 쉽지 않을 듯한 모스 그린이지만. 그레이가 포함되어 있으므로 데님의 그레이와 무난하게 조화를 이룹니다.

[그레이×삭스 블루] 그레이가 삭스 블루의 밝음을 확실하게 돋보이게 하여 지적인 인상을 줍니다.

네이비

네이비에는 여러 가지 뉘앙스가 있습니다
만, 검정만큼 무겁지 않고 동양인의 피부와
도 궁합이 좋은 색입니다. 어떤 색이든 품
격 있게 보이게 하는 활용도가 좋은 색이죠.

[네이비×베이지] 아이비스타일(아이비리그
학생들의 전통적인 스타일)의 느낌이 나지만,
옷은 네이비, 소품은 베이지 등으로 응용할 수
있는 배색입니다.

[네이비×옐로우] 색깔도 톤도 대조적인 콘
트라스트 배색. 명도차가 있어 서로의 색을
돋보이게 하는 배색입니다.

[네이비×그린] 어딘지 모르게 복고적인 느
낌으로 지적인 분위기를 풍기는 배색. 네이비
라면 어떤 톤의 그린과도 조화롭습니다.

카키

의외로 어떤 색과도 잘 어울리며 일 년 내내 사용할 수 있는 만능 색상. 밀리터리 이미지가 강한 색이기는 하지만, 배색하기에 따라 어른스럽고 시크한 분위기를 연출할 수 있습니다.

Pink × Khaki

White × Khaki

Gray × Khaki

Navy × Khaki

Blue × Khaki

[카키×핑크] 세련되지 못한 이미지의 카키에 옅은 핑크를 매치하여 순식간에 화사하고 부드러운 인상으로.

[카키×화이트] 흰색을 매치하여 밝음과 청결함을 어필. 카키 셔츠에 흰색 데님을 매치해도 멋집니다.

[카키×그레이] 자연스러우면서 세련된 느낌을 연출할 수 있는 확실한 배색. 실제로는 상하 반대의 조합으로 사용하기도 합니다.

[카키×블루] 밝은 블루로 산뜻한 인상을. 매니쉬한 배색이지만, 왠지 여성스럽게 보입니다.

[카키×네이비] 어른스럽지만, 무거운 이미지가 되기 쉬우므로 어딘가에 밝은 색깔을 끼워주면 밸런스가 잡힙니다.

블랙

함께 매치하는 색을 강력하게 돋보이게 해주는 색이므로, 다른 색과의 조합을 즐길 수 있습니다. 부분적으로 사용하기만 해도 코디 전체를 다 잡아주는 역할도 하여 중저가 아이템이라도 고급스러움을 연출할 수 있는 색입니다.

[블랙×블루] 선명한 블루를 가장 돋보이게 하는 것은 바로 블랙(나만의 생각일지 모르겠습니다만). 시크하고 세련된 인상.

[블랙×핑크] 부드러운 옅은 핑크에 투박한 검정. 서른 살이 넘었다면 '핑크는 너무 귀여운 스타일로 입지 않는 것'이 정답입니다.

[블랙×카키] 멋있지만, 어두운 인상이 되기 쉬우므로 적당히 피부를 드러냄으로써 자연스러움을 연출하면 좋습니다.

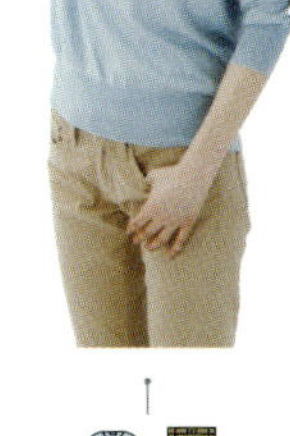

베이지

어떤 색과도 잘 어울리며 고상함과 여성스러움을 돋보이게 해주는 색이지만, 회색빛이 도는 베이지, 또는 빨간색에 가까운 느낌의 베이지와 같이 색상이 다양한 까닭에 소화하기 쉽지 않다고 생각하는 사람도 많습니다. 자신에게 잘 어울리는 베이지를 찾아보세요.

[베이지×옐로우] 얼핏 쉽지 않을 듯한 옐로우도 베이식 컬러인 베이지가 어른스러운 느낌을 잘 살려줍니다. 같은 계열 색깔이므로 통일감도 있어요.

[베이지×그레이] 베이식 컬러끼리의 배색은 여간해서는 실패하지 않지만, 흐릿한 인상을 줄 수 있으므로 조화롭게 이끌어줄 수 있는 컬러 하나를 넣어주면 좋겠지요.

[베이지×블루] 톤을 맞춰 조화로운 인상으로, 베이지를 포함한 갈색과 블루 계열의 궁합은 매우 좋습니다.

№ 03

액세서리와 시계의 추천 사용법

사람의 시선이 집중되는 손목에 뱅글이나 팔찌, 시계를 조합.
배리에이션은 무한대! 그날의 기분에 따라 어울리는 것을 자유자재로 즐겨보세요!

① 색깔을 통일

소재는 각양각색이라도 색깔을 통일합니다.
실버나 흰색, 검정 등을 사용해도 좋아요.

② 강조 색 MIX

손목을 강조 색으로 꾸밀 때는 터키석 색상인
청록색이 세련되게 보여 활용하기 쉽습니다.

③ 다른 소재 MIX

가죽 벨트와 체인을 조합하여
시크한 느낌을 살려줍니다.

④ 골드 × 실버 MIX

골드 계열과 실버 계열을
섞어 연출해도 괜찮습니다.

⑤ 큰 것과 작은 것을 MIX

여성스러운 인상을 연출하고자 할 때는
시계와 야리야리한 체인 팔찌를 함께 착용합니다.

⑥ 빙글빙글 감는 팔찌를 사용

큼지막하고 두께가 있는 시계와 빙빙 감는
팔찌로 손목에 볼륨감을 줍니다.

고가의 제품은 없지만, 남성적인 느낌의 빅 페이스 시계에서부터 여성스럽고 화사한 시계에 이르기까지 골고루 갖추고 있어요. 여기에 추가로 스틸 제품이 있다면 편리합니다.

01: TiCTAC 02: NO BRAND 03: THE GINZA
04: SWISS MILITARY

포멀한 스타일뿐 아니라 캐주얼 스타일의 반전 포인트로

캐주얼 코디에 엘레강트한 인상의 진주를.
뜻밖의 조합이 멋스러워 보입니다.

보더티

로고티

데님 셔츠

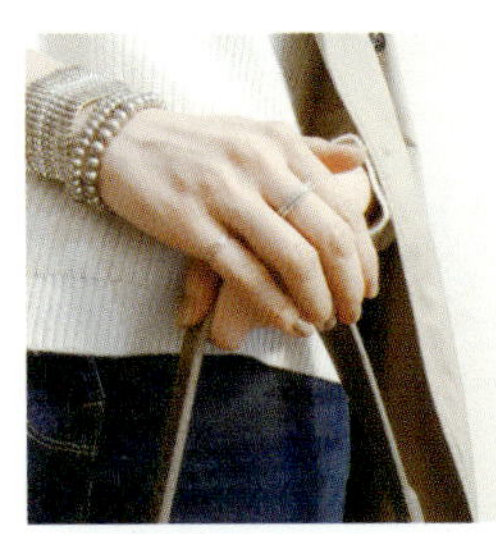

목을 덮는 상의는 브이넥과 비교하면 목이 짧아 보이거나 가슴 부분이 허전하게 느껴지기 쉽지요. 그럴 때는 길이가 긴 목걸이로 해결.

화사하고 야리야리한 반지를 여러 손가락에 나란히 끼거나 겹쳐서 끼면 트렌디함과 세련됨이 느껴집니다.

about **BELT**

벨트 사용 시의 요령

먼저 벨트는 검정, 흰색 계열이 있다면 OK. 그다음은 갈색 계열의 것이 있으면 편리합니다. 벨트 착용으로 시크함과 단정함이 연출됩니다.

포인트

사용법은 크게 나누어 다른 아이템의 색과 어우러지게 하는 방법과 강조 색으로써 포인트가 되도록 하는 방법이 있습니다. 어우러지게 하면 어른스럽고 시크한 느낌이, 포인트로 이용하면 캐주얼하고 액티브한 느낌이 들지요.

원피스나 아우터 위에 벨트를 둘러주면 스타일업 효과가 커짐!

❶ 꽈배기 짜임 벨트는 따로 벨트 구멍이 없으므로 끼울 위치를 조정할 수 있어 편리합니다.

❷ 엠보싱 벨트는 깔끔한 느낌을 연출하고자 할 때. 굳이 러프한 느낌을 주려면 벨트가 없어도 OK!

about **GLASSES**

선글라스와 안경을 악센트로

자외선으로부터 눈을 보호해줄 뿐 아니라, 코디를 멋있고 세련되게
연출해주는 패션성이 뛰어난 선글라스에 도전!

검정은 조금 박력이 넘치는 듯해서
브라운 계열을 수집하고 있습니다.
aquagirl(아쿠아 걸)

너무 크거나 색이 옅은 것은
살짝 무서운 느낌.

선글라스를 끼기만 해도 코디 전체에 세련된 느낌을 줍니
다. 민낯 가림 용도로도 최적이죠.

단순한 액세서리라기보다 가슴 부분에 끼워 원포인트로 활
용. 선글라스가 조금 어색하다는 사람은 먼저 이런 식으
로 활용해 보세요.

액세서리 감각으로 이용하기 쉬운 안경을 잘 활용하면 코디나 인상
의 폭도 넓어집니다. 내가 가장 애용하는 것은 브라운 계열의 별갑
무늬 안경. 친숙해서 사용하기 편리합니다.(JINS)

№06 편집숍을 겨냥! 즐겨 사용하는 백들

01
MASION KITSUNE

캐주얼은 물론이고 드레시한 스타일의 반전 포인트로도 좋습니다. 검정 글자의 로고가 코디 전체의 균형을 잡아주는 역할도 하여 상당히 아끼는 아이템입니다.(인터넷 편집숍에서 구매)

02
IACUCCI

애니멀 무늬는 백이나 신발 등의 아이템으로 코디에 플러스해주면 도드라지지 않으면서도 매력적인 요소가 됩니다. 딱 내 취향의 것을 세일 시기에 할인 가격으로 살 수 있어서 참 운이 좋았지요.(IENA)

03
IACUCCI

잡지에서 보고 한눈에 반한 흰색 백. 이탈리아 전통 있는 브랜드의 제품인데 가격도 적당합니다. (aquagirl)

04
MAISON VINCENT

어떤 색깔과도 잘 어울리는 색으로 사용감도 좋고 2way 스타일이라서 코디의 폭도 넓습니다. 유명 메종의 백도 만드는 공장에서 생산되고 있으며 뛰어난 가성비가 매력적인 이탈리아의 백 브랜드.(Spick ans Span Noble)

05
Sans Arcidet

마다가스카르 원산 라피아(Raffia) 소재로 만들어진 심플한 왕골백. 핸드메이드만의 따뜻한 감성이 느껴져 실증이 안 나는 제품입니다. 마다가스카르 섬에서 자란 자매가 창업한 프랑스 브랜드.(UNITED ARROWS)

돈을 들여도 괜찮다고 생각하는 것 중의 하나는 백입니다. 그렇기는 해도 최고급 브랜드의 제품은 가격이 너무 비싸죠. 그런 내게 딱 좋은 것이 편집숍의 백이었습니다. 바이어의 센스가 돋보이는 전통 있는 해외 브랜드의 백은 다른 사람이 들고 다니는 것과 겹치지 않아서 좋고, 좋은 품질에 적당한 가격의 제품과 만날 가능성도 큽니다. 세일 시기를 노려보는 것도 좋습니다.

06
OTTO GATTI

형태가 잡혀 있어서 그냥 놓아두어도 모양이 사는 백. 특히 네이비와 잘 어울려요. 이탈리아제.(IENA)

07
LORENS

비닐 소재 체인백. 독특하다고 생각하면서 쭉 눈여겨봤던 것을 세일 판매를 시작하자마자 구매했습니다. 비 오는 날에도 대활약(Spick and Span)

08
PotioR

노란색을 강조 색으로 쓸 아이템이 필요해서 구매. 기능성과 디자인의 균형이 매우 좋은 일제 브랜드.(ESTNATION)

09
ne Quittez Pas

동양적인 문양과 따뜻한 느낌의 원단으로 한눈에 반한 백입니다. 주로 인도에서 제작되는 브랜드인데 디자이너는 일본인.(NOLLEY'S)

겨울에는 어떤 신발을?

신발과 하의는 어떤 색, 어떤 소재로 연결해야 할까요?
겨울이야말로 다양함을 즐길 수 있는 계절이죠.
타이츠 덕분에 스커트 코디도 맘껏 즐길 수 있습니다.

팬츠의 경우

라인이 들어간 양말+스니커

보이프렌드 핏 데님에 라인이 들어간 양말로 살
짝 아이 같은 분위기로. 라인이 들어간 양말은
3coins의 것을 애용.

깔끔한 스타일의 크롭트팬츠+힐

무지의 검정 스타킹으로 깔끔하게. 학부모 모임
등, 격식을 차려야 하는 장소에 참석할 때.

굽 낮은 신발+두꺼운 리브 양말

검정 양말은 무난하게 보이기 쉬우므로 리브 소재
의 그레이를 추천합니다. 하의와 신발을 조화롭게
연결해주는 색상을 선택하는 것이 요령.

굳이 맨발!

주변 사람들이 말리지만, 역시 그만둘 수가 없습
니다. "패션을 위해서는 참아야죠!" 하고 딱 잘라
말합니다.(대신 페이크삭스를 신고 있습니다.)

신발에 볼륨이 있으므로 발목은 살짝만 맨살이 보이게 하여 자연스러움을 연출함으로써 밸런스를 잡아줍니다.

약간 귀여운 스타일의 코디에는 남성적인 느낌의 레이스업 슈즈로 어른스러운 느낌을 살려준다. 타이츠는 차콜그레이로 촌스러움을 탈피.

일 년에 한 번 정도 이런 차림을 하는데, 나이와 어울리지 않게 보여 민망할 수도 있으므로 색깔은 어두운 것을 선택. 겨울철뿐 아니라 올 시즌 OK.

캐주얼 코디에는 리브 소재의 타이츠를. 스니커에는 인솔을 넣어(→P32 참조) 무릎 아래를 길어 보이게 하면 스타일업 효과도 있습니다.

LET'S ENJOY!

Rainy Day

비 오는 날을 긍정적으로 즐겁게♡

뭘 입으면 좋을지 고민되거나 우울해지기 쉬운 비 오는 날.
그럴 때는 기분이 좋아지는 아이템으로 즐겁고 쾌적하게♪

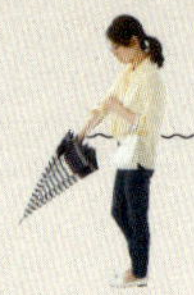

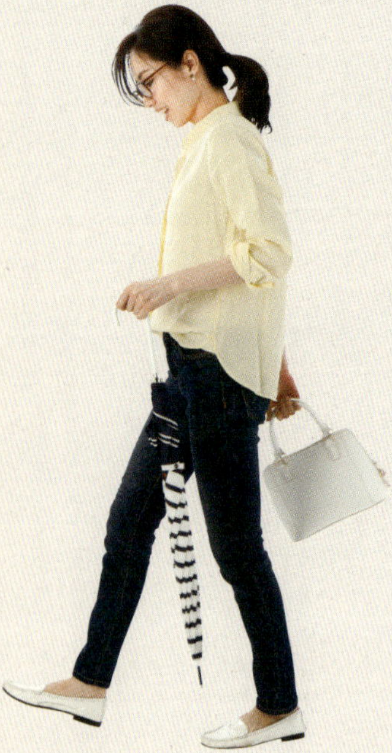

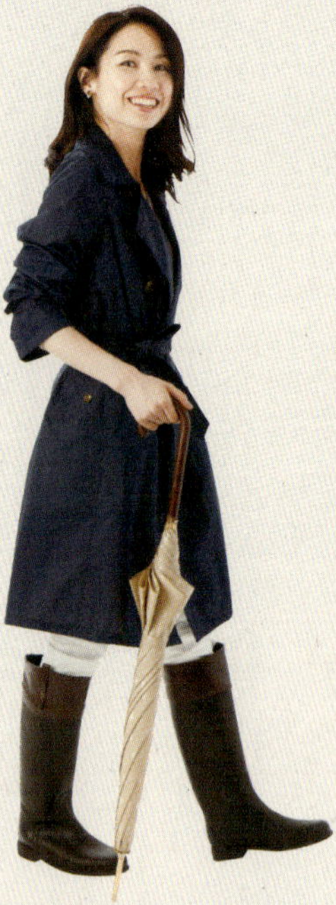

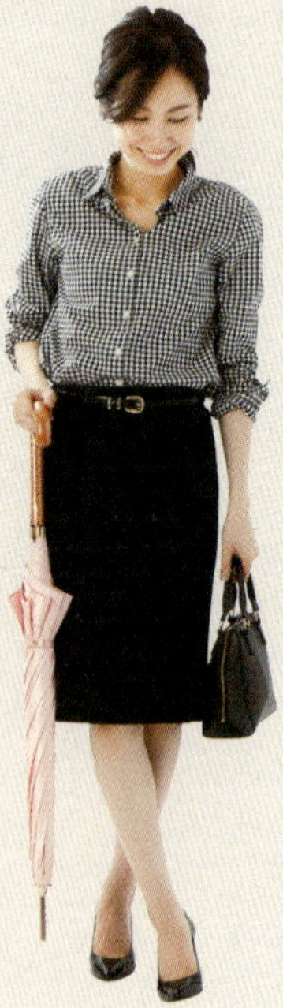

옐로우 리넨 셔츠 +스트라이프 우산

독특한 까끌까끌한 느낌이 있어 옷이 몸에 달라붙기 쉬운 날에도 산뜻하게 입을 수 있는 리넨 셔츠는 장마철에도 추천. 밝은 색상의 셔츠를 고르면 얼굴도 환해지고 기분도 Good! 군데군데 흰색을 넣어 청량감을 연출합니다.

레인코트 +베이지 우산

장대비가 쏟아지는 날에는 레인코트 & 장화로 완전 무장. 흰색 바지도 밑단을 장화 안에 집어넣으면 흙탕물이 튀어 묻을 걱정이 필요 없습니다. 좋아하는 트렌치 스타일의 레인코트라면 기분도 업.

깅엄체크 셔츠 +핑크 우산

흰색×검정의 깅엄체크 셔츠는 비에 젖어도 비칠 걱정이 그다지 없으며, 셔츠 소재와 같은 스커트라면 구김이 생길 걱정도 없습니다. 예쁜 핑크 우산은 침울한 기분을 날려줍니다.

비 오는 날의 애용 아이템

rainy goods _ 1

[애용 우산은 다음 세 가지!]

우산도 코디의 일부이므로 그날의 코디에 맞춰 선택합니다. 무늬 있는 우산, 밝고 예쁜 색상의 우산. 어떤 색과도 잘 어울리는 베이지 우산이 있습니다.

rainy goods _ 2

[포케터블 레인코트]

주머니에 넣어서 가지고 다닐 수 있는 포케터블이라 아끼는 아이템입니다. 트렌치코트 스타일이라는 점이 맘에 들어요. 더러워져도 눈에 띄지 않는 네이비 색상을 추천.

비 오는 날, 주의가 필요한 아이템

- 물에 젖으면 진해지는 색깔의 것(그레이나 하늘색 등)
- 비치는 느낌이 있는 셔츠나 블라우스(비에 젖으면 한층 더 비치어 궁상맞게 보인다.)
- 실크나 레이온 등(물 젖음에 약한 소재)
- 가죽제품(변질, 얼룩 등이 생길 우려가 있음)

rainy goods _ 3

[접이식 우산]

양산과 우산 겸용으로 일 년 내내 요긴하게 사용하고 있습니다. 살짝 바다의 느낌이 나서 좋아요.

rainy goods _ 4

[리넨 셔츠]

리넨 소재는 구김을 신경 쓸 필요 없고 흡습, 속건성이 우수한 소재이므로 축축한 느낌이 드는 장마철에는 특히 추천합니다.

rainy goods _ 5

[레인부츠]

어떤 옷과도 잘 어울릴 수 있도록 브라운 색상을 선택했습니다. 스커트에도 어울리고 바지 밑단을 부츠 안에 집어넣어도 되는 롱 타입이 편리합니다.

rainy goods _ 6

[합성피혁 소재 백]

진짜 가죽이나 천 소재의 백과 비교하면 비에 강하므로 부담 없이 들 수 있습니다. 젖었을 때는 확실하게 말려주세요.

rainy goods _ 7

[PVC 소재의 백]

비 오는 날에 쓰려고 샀는데, 평소에도 자주 사용하고 있습니다. 투명감이 있어 시원스러운 느낌도 마음에 듭니다.

rainy goods _ 8

[방수 스프레이]

방수는 물론이고 오염 방지 효과도 있어서 가죽, 스웨이드, 합성피혁 제품뿐 아니라, 캔버스 소재의 가방 등에도 사용하고 있습니다.

올 시즌 필요!  자외선 예방 대책

불과 몇 초만 닿아도 피부 속까지 침투하여 피부 노화를 초래한다는 무서운 자외선. 어떤 스킨케어보다 먼저 자외선을 쐬지 않도록 하는 것이 중요합니다. UV 크림은 피부에 부담이 적은 것을 선택해 사용하세요.

1 : 긴 장갑

여름철 외출 시에나 자전거를 탈 때, 차를 운전할 때는 계절을 불문하고 착용하고 있습니다.
(균일가 잡화점에서 구매)

2 : 자외선 차단 스프레이

여름철 외출용. 주로 얼굴용으로 사용하고 있습니다. 화장한 상태에서 쉭쉭 뿌릴 수 있으므로 편리합니다.
(자외선차단등급 UV 스프레이 SPA 50 PA++++ 보디/얼굴용 이시자와 연구소)

3 : 자외선 차단 크림

자외선 방지 효과가 뛰어나며 피부에 친화적이고 보습력도 있는 키미지마 토와코(君島+和子) 씨의 자외선 차단제를 몇 년 전부터 꾸준히 사용하고 있습니다.
자외선 차단용 크림(자외선차단등급 UV 퍼펙트 크림 프리미엄 50, 50g/SPA 50 PA+++ FELICE TOWAKO)

4 : 자외선 차단 젤

휴대용으로 외출한 곳에서 필요에 따라 사용하고 있습니다.
(자외선차단등급 아웃도어 UV 젤 SPF 30 PA+++ 보디용 이시자와 연구소)

5 : 펌프 타입 젤

잠시 외출할 때나 어린이용으로 사용. 펌프식이라서 한 손으로 사용할 수 있어 매우 편리합니다.
(자외선차단등급 UV 젤 SPA 30 PA+++ 얼굴/보디용 이시자와 연구소)

6 : 스톨

한여름 목과 쇄골 부분의 자외선 차단 대책용으로 사용(ZARA)

Chapter 04

HOW TO SELECT

똑똑한 구매 방법 및 선택 방법

궁금했던

입어보기의 포인트에서부터

똑똑한 구매 방법까지

셔츠를 입어 보았습니다!

옷을 입어 볼 때 필요한 점검 사항을 소개합니다.

입어보고 샀는데도 막상 구매해서 실제로 입었더니 영 아니었다 싶은 경우가 종종 있지요? 또한, 기본적인 아이템인 까닭에 소재도 실루엣도 다양한 셔츠는 어떻게 선택하면 좋을지 잘 모르겠다는 얘기도 흔히 듣습니다. 그렇다면 먼저 확실히 포인트를 파악한 후 입어 보는 것이 좋겠지요.

1 먼저 소재 감을 확인
– Check the Material.

빳빳함이나 광택감의 유무, 구김이 생기기 쉬운지 등을 확인합니다. 단정한 인상을 주는 것은 빳빳한 소재, 여성스러운 느낌이 드는 것은 부드러운 소재, 릴랙스한 느낌이 나타나는 것은 투명감이 있는 것 또는 리넨 소재 등.

2 어깨선과 품을 확인
– Check the Shoulder Line.

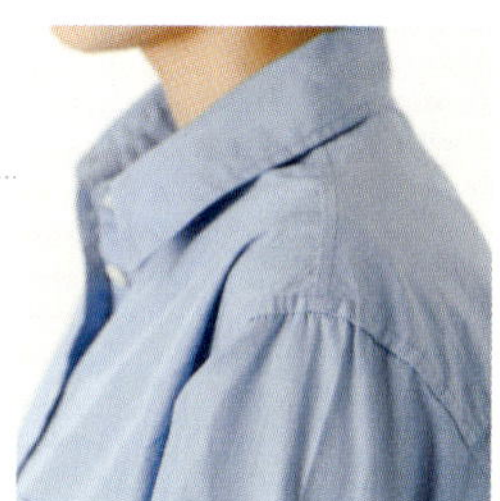

다음은 어깨선이 깔끔하게 떨어지는지를 확인합니다. 셔츠의 기본은 정사이즈로 어깨가 딱 맞는 것이 중요한데, 트렌드에 따라 달라지기도 하죠. 요즘은 어깨선이 아래로 살짝 처지고 품도 적당히 여유 있는 것이 유행인 듯합니다.

3 단추를 전부 잠가 본다
– Check the Button.

목 부분이 막혀 있으면 답답해 보이므로 주의하세요. 또 단추가 모두 잘 잠기는지, 주름이 생기지는 않는지도 더불어 확인합니다.

4 단추를 2~3개 푼다
– Check the Neck Line.

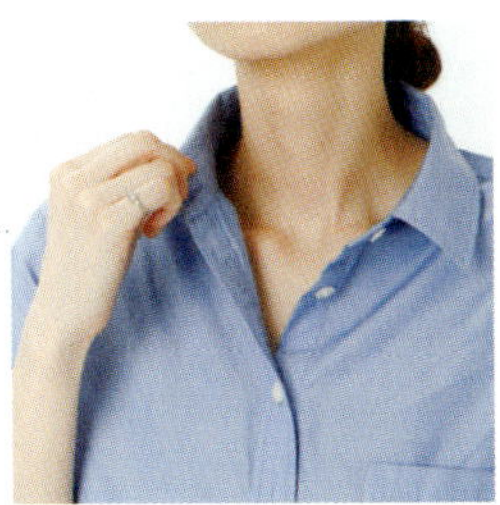

V 존의 벌어짐 정도나 형태가 얼굴형이나 목의 길이와 균형이 맞는지 확인. 자연스러우면서도 세련된 느낌이 연출되는지 등, 전체적인 인상도 확인하세요.

5 깃을 확인
– Check the Collar.

깃이 서는 상태, 깃의 모양(크기나 디자인), 벌어짐 정도가 자기 취향에 맞는지를 확인합니다. 소재에 따라서는 이 부분의 모양이 잘 살지 못하면 전체적으로 맵시가 나지 않기도 합니다.

6 소매를 걷어 올리기 편한지 확인
– Check the Arm Line.

필자의 경우 소매를 걷어 올려 입는 경우가 많아 걷어 올리기 쉬운지 아닌지가 매우 중요합니다. 소매를 걷어 올린 상태에서 팔을 돌려보고 불편함이 없는지 확인하세요.

7 뒷모습도 꼼꼼히 확인
– Check the Back Style

마지막으로 잊어서는 안 되는 것이 바로 뒷모습입니다. 가리고 싶은 엉덩이 주변을 확실하게 커버해주는 길이감인지, 등 부분의 실루엣도 포함해서 꼼꼼히 확인하세요.

중저가 아이템은 이렇게 고른다!

이왕이면 리치하게 보이는 효과가 있는 검정, 그리고 차콜그레이, 짙은 네이비 등, 가능한 한 짙은 색상이라면 가격 대비 품질이 훨씬 좋아 보일 수 있습니다. 또 흰색도 흰색이 지닌 청량감으로 리치하게 보여주는 효과가 있지요.

 **POINT 1** 파스텔 등의 밝고 옅은 색, 그리고 하늘하늘 얇은 소재로 된 것은 좋든 싫든 소재감이 드러나기 쉬우므로 주의가 필요합니다.

 **POINT 2** 중저가 아이템은 전체적으로 드레시한 코디로 보이도록 합니다. 요령은 어딘가에 드레시 스타일의 아이템을 집어넣는 것이죠. 전체를 루즈하게 연출하지 마세요. 예를 들면 옷이 위아래 모두 캐주얼이라면 신발은 무튼 부츠보다는 펌프스 힐을 신는 것이 좋아요.

고급스럽게 보이게 하는 추천 아이템 리스트
가격을 짐작하기 어려운 것은 검정 등의 짙은 색과 흰색!

입어 보기
리포트
GO!

가격 대비 성능이 좋은 브랜드 활용술

(2016년 2월 시점 기준)

 **1 유니클로**
– UNIQLO

가성비가 좋은 기능성 이너 등을 비롯해 고품질의 베이식하고 캐주얼한 아이템을 갖추고 있습니다. 매주 금요일에 배포되는 전단지 체크에서부터 유명 디자이너와의 콜라보에 이르기까지 아무튼 눈을 뗄 수 없는 국민적 브랜드. 초대형, 대형점포 한정 상품은 재고가 적으므로 일찌감치 온라인으로 확인해 보세요.

☑ 신상품 입고일은 온/오프라인 매장 모두 월요일.
☑ 반품 교환은 3개월 이내라면 OK(영수증 필요).
☑ 유니클로의 팬츠는 구매 후라도 밑단 수선 가능.
☑ 전단지에 실린 할인뿐 아니라 모바일 회원 한정 특별가격이나 할인 쿠폰도 받을 수 있다.

 **2 지유**
– GU

베이식 아이템에서 최신 유행 아이템까지 갖추고 있으며 게다가 아우터도 5,000엔 이하로 가격대가 낮아 보물찾기를 하듯 값싸면서도 좋은 옷을 발견해내는 재미가 있습니다. 단순히 '유니클로보다 싼 메이커'라는 이미지를 탈피하여 독자적인 개성과 브랜드 이미지를 보여주며 급성장 중이죠. 패셔너블하고 리얼한 코디를 제안하는 온라인 사이트는 눈여겨볼 가치가 충분합니다.

☑ 상품 입고일은 온/오프라인 매장 모두 월요일.
☑ 특히 니트류는 숨어 있는 명품이 많으므로 체크할 필요 있음.
☑ 은근히 인기를 끌고 있는 타이츠나 잘 벗겨지지 않는 페이크삭스, 룸웨어 등.

 **3 플라스테**
– PLST

심플함과 트렌디함을 적당히 도입한 오리지널 라인을 전개하면서 센스 넘치는 수입 아이템을 갖추고 있는 편집숍. 손빨래 가능한 아이템이 많은 것도 매력으로 착용감 좋은 원피스 등도 많이 갖추고 있습니다.

☑ 드레시 스타일 팬츠나 데님, 카고팬츠 등, 다양한 제품이 풍부한 각선미를 뽐낼 수 있는 팬츠로 정평이 나 있다.
☑ 컬러 베리에이션이 풍부하며 세탁에도 강한 리브 탱크톱은 명품.
☑ 온라인 매장을 효과적으로 활용하면 좋다.
　→ 재고가 없는 상품도 재 입고 알림 메일을 등록할 수 있어 편리.
　→ 가격이 좀 나가는 수입 아이템은 세일 시기를 노려본다.

요즘은 가격이 저렴해도 소재나 봉제 상태가 좋은 제품이 참 많습니다. 여기에 소개한 매장은 자주 체크하는 곳이기도 하지만, 공통적인 점은 제품을 풍부하게 갖추고 있다는 점입니다. 낭비를 없애고 효율적으로 구매하기 위해서라도 온라인을 통해 신상품이나 할인 정보 등을 확인한 후 오프라인 매장을 찾아가 보세요.

자라
– ZARA

가격 대비 성능이 뛰어난 다른 브랜드 체인점과 비교하면 가격대는 조금 높지만, 유럽을 비롯해 전 세계 최신 트렌드 패션을 갖추고 있습니다. 각 아이템은 품절과 동시에 종료되므로 마음에 드는 상품이 있다면 일찌감치 사는 것이 철칙.

☑ 서브 브랜드별로 고객층이 나뉘는데, 베이식하면서 적당히 트렌드를 따르는 "ZARA BASIC"을 추천. 낮은 가격대 상품은 젊은 층을 대상으로 캐주얼하면서 저렴한 라인을 구성하고 있는 "TRF"에서 발견되는 경우도 있다.

☑ 온라인도 추천!
→ 배송료, 반송비 무료 또는 온라인으로 구매한 상품은 어느 점포에서든 반품 가능하며 사용감도 좋다.
☑ 일부 점포에 따라 다르지만, 신상품 입고는 온/오프라인 매장 모두 주 2회, 월요일과 목요일 또는 금요일.
☑ 스톨이나 백, 액세서리 등 소품류의 체크도 필요.

무인양품
– MUJI

소재 그 자체의 색상이 손상되지 않도록 배려된 심플한 컬러 전개와 기능성 및 착용감을 중시한 낭비를 없앤 심플한 디자인이 매우 매력적입니다.

☑ 인터넷 스토어에서 구매할 때 [매장 수령 가능] 마크가 있는 상품의 경우는 지정 오프라인 매장에서 수령할 수 있다. 그때 배송료는 무료. 상품 대금은 매장에서 지불.
☑ 인터넷 스토어에서는 점포별 재고 상황도 확인할 수 있다.(1주일마다 갱신)
☑ 스톨이나 머플러는 무늬, 컬러 베리에이션이 풍부하며 가성비도 우수.
☑ 디자인이 심플하므로 소품이나 머리 모양을 궁리하는 것이 MUJI 아이템을 소화하는 요령.

조조타운
– ZOZOTOWN

인기 브랜드가 많이 모여 있으며, 색깔, 모양, 길이 등 검색 기능이 충실해서 핀 포인트로 원하는 것을 찾기 쉽고 트렌드도 파악할 수 있어 사이트를 자주 체크하고 있습니다.

온라인 매장을 통해 구매했을 때 주의할 점

치수가 맞지 않거나 해서 반품할 수도 있음을 고려해서 조심스럽게 입어 보세요!

☑ 입어보고 구매를 확실히 결정하기 전까지 태그를 떼어내지 않는다.
☑ 실내에서 입어본다.
☑ 더럽히지 않는다. 손상 및 냄새가 배지 않도록 한다.
☑ 신발의 경우는 풋 커버를 착용한다.
☑ 세탁하지 않는다.

아이템별 추천 브랜드

데님팬츠 1

ZARA

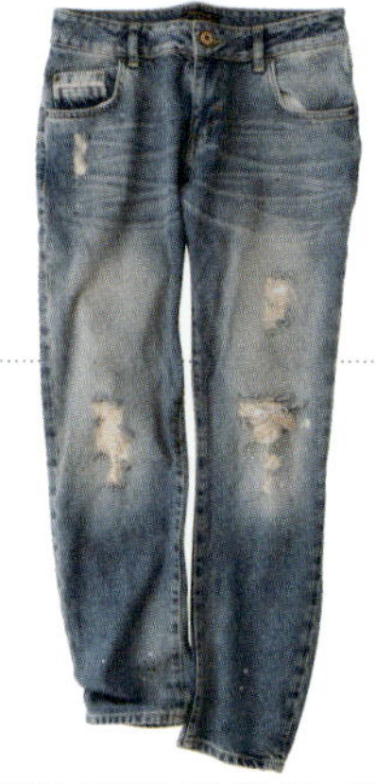

클래시 데미지 데님팬츠는 역시 ZARA. 베리에이션이 풍부하다는 점이 매력으로, 덧댐 천이 붙어 있는 타입이라면 데미지가 커질 걱정도 없어 안심할 수 있습니다.

데님팬츠 2

UNIQLO

화이트 데님팬츠는 UNIQLO의 제품을 추천. 원단 두께도 적당해서 비치지도 않고 내구성이 좋습니다. 더러워지면 막 빨아도 된다는 점이 매력적이죠.

데님팬츠 3

PLST

베스트셀러 아이템이기도 한 스키니 실루엣의 리오셀(Lyocell) 혼방 데님팬츠는 데님이라고 생각되지 않을 정도로 부드러운 착용감을 자랑합니다. 어떻게 코디할까 고민될 때 무심코 손이 가네요.

크롭트팬츠 1

UNIQLO

벨트 고리가 있고 앞트임에 바지 가운데 주름이 잡혀 있어서 깔끔한 느낌이 있습니다. 흰색이지만 비치지 않고 가성비도 우수한 상당히 품질 좋은 제품입니다.

크롭트팬츠 2

N.Natural Beauty Basic

깔끔한 스타일의 팬츠를 찾을 때는 반드시 이 매장을 확인하고 있습니다. 적당한 트렌디 감성과 가성비가 매력적이죠.

카고팬츠

PLST

다리 모양이 예쁘게 빠지는 카고팬츠를 찾는다면 PLST. 주머니 위치나 날씬한 실루엣 등이 조화로워 편안한 일상복 느낌의 아이템이지만, 여성스럽게 입을 수 있는 제품입니다.

백1

ZARA

종류가 풍부한 ZARA. 파티용으로 사용할 수 있는 것도 많고, 여러모로 도움이 됩니다. 클러치뿐 아니라 회사용 데일리 백이나 아이들용까지 여기서 찾아보곤 합니다.

백2

RODE SKO

착한 가격이 참 좋은 URBAN RESEARCH의 오리지널 백 & 슈즈 브랜드. 평상시 부담 없이 사용할 수 있어 아끼는 아이템입니다.

스톨1

ZARA

심플한 것에서부터 프린트, 니트, 퍼에 이르기까지 종류가 풍부하며, 200엔대의 제품부터 갖추고 있습니다.

스톨2

MUJI

심플하고 감촉이 좋다는 점이 매력. 특히 정통적인 체크무늬는 해마다 바뀌므로 시즌이 되면 어떤 아이템이 나왔는지 확인하는 게 큰 즐거움입니다.

액세서리 1

FOREVER 21

이 목걸이도 반지 세트도 모두 1,000엔 이하. 놀라울 정도로 저렴한 가격임에도 고급스러워 보이는 상품이 꽤 있어 평판이 좋습니다.

액세서리 2

ZARA

심플한 코디의 포인트로 삼을만한 임팩트 액세서리가 충실합니다. 그 안에서 비교적 심플하고 평소 사용하기 편리한 것을 찾습니다.

액세서리 3

BEAUTY & YOUTH

UNITED ARROWS의 캐주얼 라인. 그중에는 중저가가 아닌 상품도 있지만, 피어스는 2,000엔대로 구성. 디자인이 뛰어나면서 적당한 가격의 제품을 찾아볼 수 있습니다.

N°05

겨울에 활용도 높은 아우터

검정 체스터 코트

모양이 딱 잡힌 검정 체스터 코트 차림에는 역시 힐을 매치
하고 싶어집니다. 그 대조감이 왠지 여성스러움을 한층 돋보
이게 해주는 것 같거든요.(Muse de Deuxieme Classe)

올리브그린 코트

원래 이 올리브그린 색을 매우 좋아해서 여기저기 찾아봤지
만, 결국 찾지 못해서 지인의 매장에 부탁해 2만 엔 정도를
주고 만들었습니다. 어떤 코디에도 잘 어울리며 멋있게 연출
됩니다.(Fit Me order made)

네이비 더플코트

앞부분이 지퍼로 되어 있어 더플코트 특유의 귀여운 느낌이
덜한 점이 마음에 들었습니다. 후드가 달려서 이 옷을 입을
때는 머리를 항상 묶어 얼굴 주변을 깔끔하게 합니다.(COS)

모즈코트

잠깐의 외출이나 공원 산책 시에 부담 없이 걸쳐 입기 좋은
아이템. 안감이 붙어 있으면 오래 입을 수 있으므로 한 벌 가
지고 있으면 좋습니다.(UNITED ARROWS)

UNIQLO 울트라 라이트 다운을
겉에서 보이지 않도록 안에 껴입는 요령

얇고 가벼워서 부해 보이지 않고 아우터 안에 받쳐 입을 수도 있으므로 한겨울 방한 대책에 최적인 이너다운. 아우터 안에 받쳐 입은 티를 내고 싶지 않아 내 경우는 아래 사진에 소개하는 것처럼 입습니다.

NG 드레시한 스타일의 코디를 할 때 이너다운이 보이면 캐주얼한 느낌이….

① 먼저 가장 아래 단추만을 뒤쪽으로 해서 잠근다.

② 맨 위쪽 단추 부근을 안쪽으로 접어 넣는다.

③ 그 위에 아우터를 입으면 안에 입은 다운이 전혀 안 보인다!

④ 아우터가 살짝 뒤집혀도 눈에 띄지 않는다.

BEAUTY

분위기 미인을 연출하는 방법

첫째 머리 모양,

둘째 화장,

셋째 옷,

세련된 분위기는

헤어스타일로 결정된다!

세련된 분위기는 헤어스타일로 결정된다!

"뭘 입어도 촌스럽다!"는 고민을 하는 분들의 공통점은 헤어스타일이 너무 심플하다는
사실이죠. 세련된 분위기를 연출하려면 머리 모양이 무엇보다 중요하다고 생각합니다.
내 머리카락은 까만 생머리라 그 상태 그대로 외출할 수 없을 만큼 촌스러워요. 그래서
톤을 약간 밝게 하여 아침에는 꼭 간단하게 컬을 감아 볼륨을 주고 있습니다.

열 헤어 롤러를 애용하고 있어요!

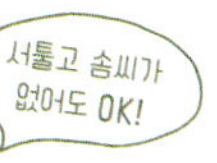

학생 때부터 애용했던 전열 헤어 롤러. 모든 머리 모양의 기본으로 우선 느슨하게 컬을 감아줍니다. 이렇게 머리카락을 말아 두면 그사이에 아침 준비가 가능하므로 시간 단축도 되지요.

머리카락을 말기 전에…

시간이 없을 때는 생략하기도.

밖으로 삐친 머리카락 끝부분을 안으로 말아 둔다.

앞머리가 삐친 부분이 있다면 신경 쓰이는 부분의 머리카락 뿌리 부분을 물로 적신 후 좌우로 번갈아 드라이어로 정리해준다.

히비 미치코 스타일, 부스스하게 보이지 않으면서
아무렇게나 풀어헤친 듯 자연스러운 헤어 연출 방법

① 

머리카락을 꼬아서 말아준다.

② 

8개 정도 컬을 말면 끝. 랜덤으로 OK.

④ 

헤어스프레이를 머리카락 바깥쪽과 안쪽에서 쓰윽 뿌리고, 머리카락 끝에 왁스를 발라 문질러 러프하면서 자연스럽게 마무리하면 완성.

③ 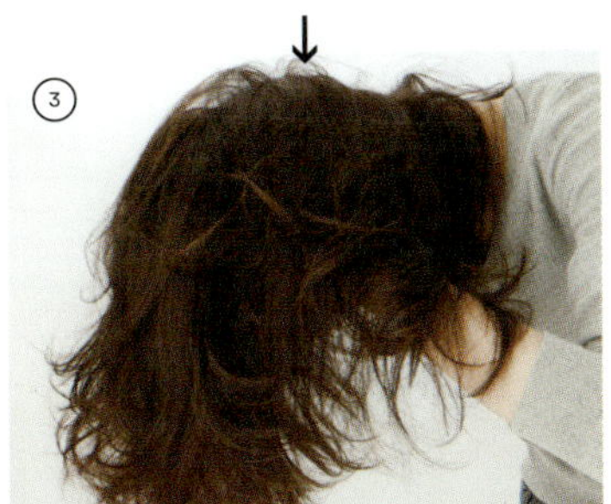

헤어 롤러가 식으면 말았던 것을 한꺼번에 제거한다. 손가락으로 머리카락을 대충 빗질하듯 만져주는 것이 요령.

Hair Arrange

시뇽(Chignon) 스타일

시크한 스타일에도 귀여운 스타일에도 잘 어울리는 머리 모양. 재킷 팬츠 차림에 맞추는 경우도 많습니다.

How to

1. 손가락으로 대충 빗어 하나로 모아 꼬아준다.

2. 한데 모은 머리를 중심에 위치시켜 감는다.

3. 머리카락 뿌리 부분을 고무줄로 묶는다.

4. 삐져나온 머리카락은 핀으로 고정해서 정리하면 완성.

Hair Arrange

포니테일(Ponytail) 스타일

빗으로 단정하게 빗어 넘겨 묶기보다 살짝 러프하게 해주는 것이 어른의 포니테일 스타일. 어른스러우면서도 귀여운 느낌이 있는 분위기를 연출하고자 할 때.

How to

1. 정수리 부분의 머리카락을 거꾸로 빗질한다.

2. 손가락을 이용해 머리카락을 쓸어 올려 턱과 귀 위의 연장선상에서 묶는다.

3. 하나로 묶은 머리카락에 왁스를 발라 살짝 문질러준 후 러프한 느낌을 주면 완성.

Let's try hair arrange!

3 diffrent styles

—— Hair Arrange ——

심플하게 묶는 스타일

아래쪽에서 하나로 묶어 러프
하면서도 여성스럽게 연출한
포니테일 스타일. 어떤 스타
일링에도 잘 어울립니다.

How to ——

❶ 손가락으로 빗으면서 하나로
모은다.

❷ 납작한 느낌이 되지 않도록 거
울을 보면서 정수리에서 뒤통
수, 옆 머리카락을 가볍게 움
켜잡고 볼륨을 조절한다.

❸ 머리카락을 적당량 집어 머리
고무줄을 감추는 식으로 빙 감
은 후 핀으로 고정한다.

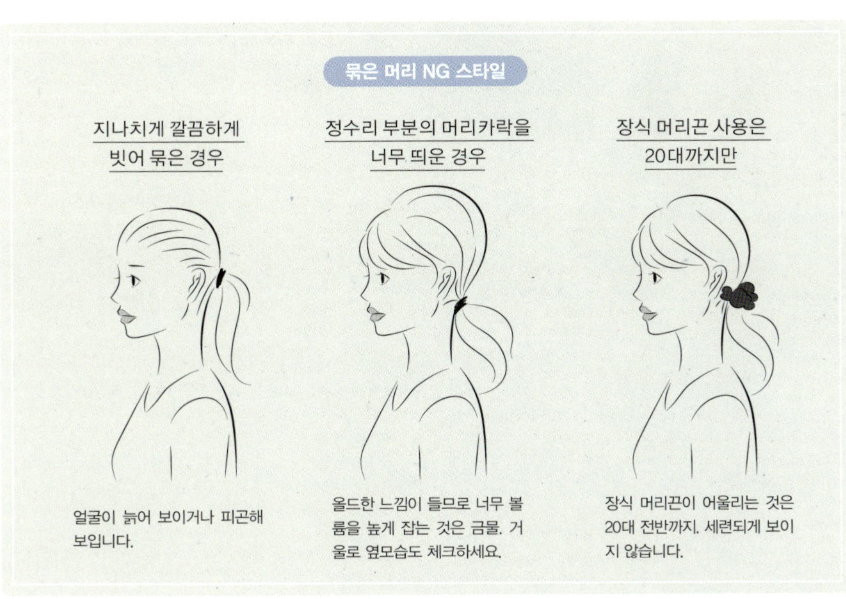

내추럴 메이크업이 세련돼 보인다! MAKE UP

캐주얼한 옷이 많아 내추럴 메이크업을 선호하는 편입니다. 나이를 먹으면서 피부가 건조해지고 거무칙칙해지는 것 같아 특히 광택감을 의식해서 아이템을 고르거나 하이라이트를 사용해서 보완하고 있어요. 진한 화장보다는 화장한 듯 안 한 듯 피부와 자연스럽게 균형을 맞추는 것이 좋다고 생각합니다.

애용하는 중저가 화장품

MINON
시트 마스크

저자극 처방이라 안심하고 사용할 수 있습니다. 홈쇼핑 등 통신판매를 통해서 한꺼번에 싸게 구매하는 편입니다.

01_KATE 아이라이너/ 번지지 않고, 극세 브러시라서 그리기 편합니다. **02_KATE** 아이브로우 펜슬/ 눈꼬리나 부족한 부분에 사용. 심이 단단하면서도 매끄럽게 그려져서 마음에 드는 제품입니다. **03_Visee** 크림치크/ 건조해지기 쉬운 볼에 자연스러운 광택감이 살아납니다. 자연스럽게 발려서 꽤 사용하기 편해요. **04_Curel** 립케어 크림/ 입술이 거칠어지기 쉬운 편이라 여러 가지를 써보다가 마침내 내게 잘 맞는 제품을 찾아냈습니다. 촉촉함이 오래 갑니다. **05_KATE** 디자이닝 아이브로우 N/ 3색 구성으로 농도를 자유자재로 조절할 수 있어 편리합니다. **06_RIMMEL** 아이섀도/ 고급스러운 펄 감의 섀도로 피부에 잘 스며듭니다. **07_RIMMEL** 하이라이터/ 새하얗지 않아서 피부에 친숙합니다. **08_KATE** 눈썹 마스카라: 머리카락 색깔과 맞추기 위해 사용하고 있습니다. 너무 검은 눈썹보다 부드러운 인상으로. **09_MAYBELLINE** 마스카라/ 속눈썹 보호를 위해 평소에는 바르지 않지만, 특별한 날에 사용. 뭉치지 않고 속눈썹을 자연스럽게 길어 보이게 해줘서 마음에 쏙 드는 제품입니다.

하이라이트 사용

눈 밑 삼각 존을 밝게 하면 표정이 밝아집니다! 눈 밑에는 텍스처가 부드러운 리퀴드 성분을 추천.

1 눈 밑에 몇 개의 라인을 그린다.

2 손가락으로 살며시 톡톡 두드려준다.

화장 붓은 좋은 것을 사용

화장품에 딸린 브러시나 칩보다 피부에 닿는 감촉이 부드러워 피부에 대한 자극이 적고 자연스럽게 마무리됩니다.

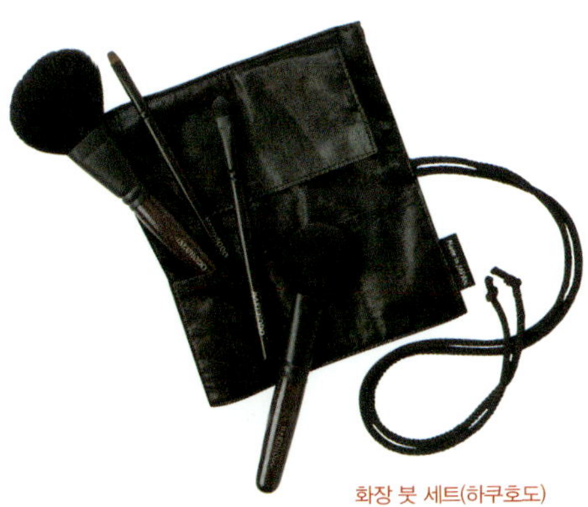

화장 붓 세트(하쿠호도)

치크는 크림치크를 추천!

가깝게 지내는 헤어디자이너인 분께 크림치크를 소개받은 후부터는 쭉 이것을 사용하고 있어요. Visee의 제품을 즐겨 쓰는데, 입체감과 자연스러운 광택감이 나타나 젊어 보이는 인상이 됩니다.

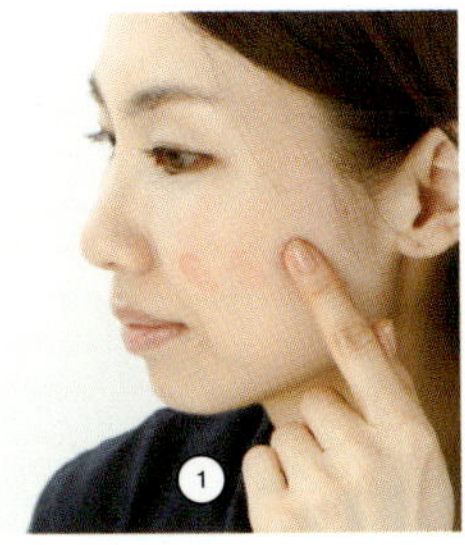
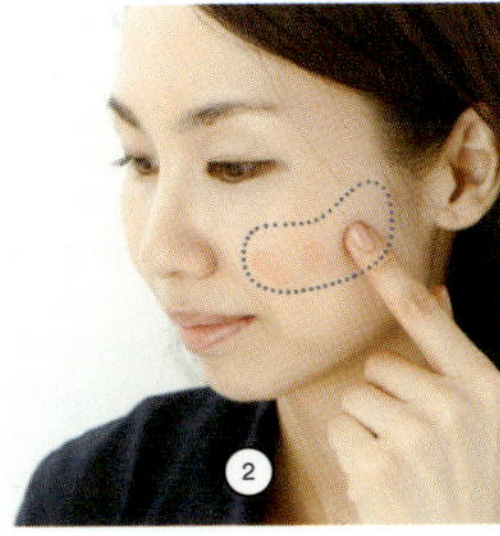
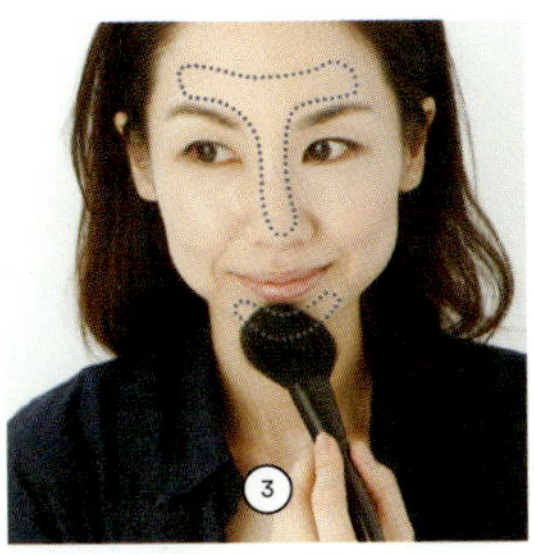

1 먼저 치크를 손가락에 묻혀 광대뼈 옆을 따라 세 군데 톡 찍어 준다. 스탬프를 찍는 감각으로.

2 손가락으로 살며시 톡톡 두드려준다. 굽은 구슬 모양을 의식하면서 발라주면 된다.

3 마무리 파우더는 모처럼의 광택감이 없어지지 않도록 T 존에만 발라준다.

01

얼굴이 작아 보이게 하는 테크닉

02 스톨을 깔끔하게 매는 방법

목이 살짝 보이도록 감으면 깔끔
해 보이고 얼굴도 작아 보이는 효
과를 낼 수 있습니다.

스톨을 목에 빙빙 감으면 목이 답
답해 보이고 얼굴도 커 보이기 쉽
습니다.

Fashion Lesson

03 힙을 작게 보이게 하려면 뒷주머니 디자인이 중요

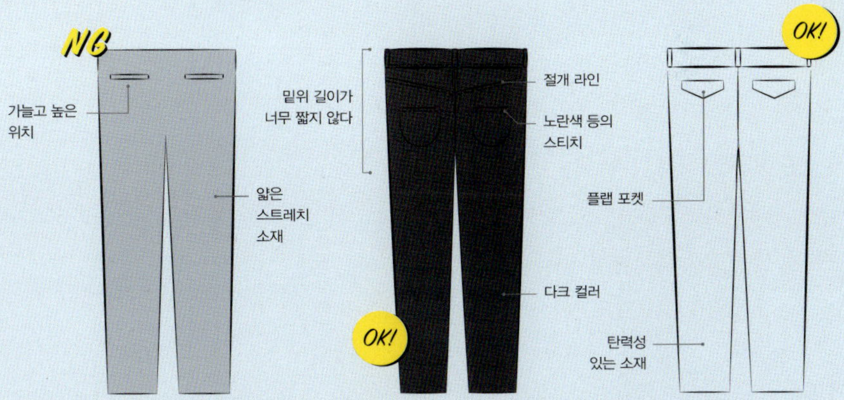

디테일이 너무 없으면 밋밋하게 늘어
진 인상을 줍니다. 힙 실루엣이 다이렉
트로 드러나지요.

디테일 효과로 입체감이 있어 힙이 작
아 보이는 효과가 있으며, 또한 수축
색상이라 한층 더 힙을 작아 보이게
하고 각선미도 돋보입니다.

드레시 스타일 팬츠 뒷주머니에 달린
플랩은 힙이 작아 보이는 효과가 있
습니다.

04

날씬하게 보이는 색을 고르는 요령

! 겉으로 봤을 때의 사이즈는 밝기와 관계가 있다.

(밝은 색깔=팽창색, 어두운 색깔=수축색)

[따뜻한 계열의 색깔]　　보다　　[차가운 계열의 색깔]

(빨강, 주황, 노랑 등)　　　　　　　　　　(파랑 등)

OK!

! 따뜻한 계열의 색은 가까워 보이고, 차가운 계열의 색은 멀리 있는 것처럼 보인다.

(따뜻한 색깔=팽창색, 차가운 색깔=수축색)

05

날씬하게 보이고 싶어서 수축 색상을 고르더라도 전체적으로 검정은 NG!

전신 검정은 무거워 보여요.

짙은 색으로 수축.

앞을 터서 세로 라인을 강조하면 스타일업 효과.

날씬하게 보이려면 아우터는 짙은 색을 사용해 입체감을 줍니다. 그 경우 이너나 보텀이 팽창색이라도 깔끔하고 늘씬해 보이죠.

06 체구가 적은 사람이 굽 없는 납작 신발을 신을 때는 발등이 많이 보이는 것을

발등을 다 덮는 신발은 다리가 짧아 보여요.

발등이 보이는 신발은 다리가 길어 보입니다. 끝이 뾰족한 신발인 경우는 더욱 샤프한 느낌을 주지요.

07 종아리가 신경 쓰이는 사람에게 좋은 길이감

[스커트]

[와이드팬츠]

[크롭트팬츠]

스커트 길이가 종아리의 가장 굵은 부분에서 멈추도록 하지 마세요.

펌프스는 끝이 뾰족한 포인티드 토(pointed toe)가 좋습니다. 종아리의 가장 굵은 부분에서 살짝 아래로 내려온 길이가 GOOD!

08

통통한 체형에
신축성 있는 아이템은 위험

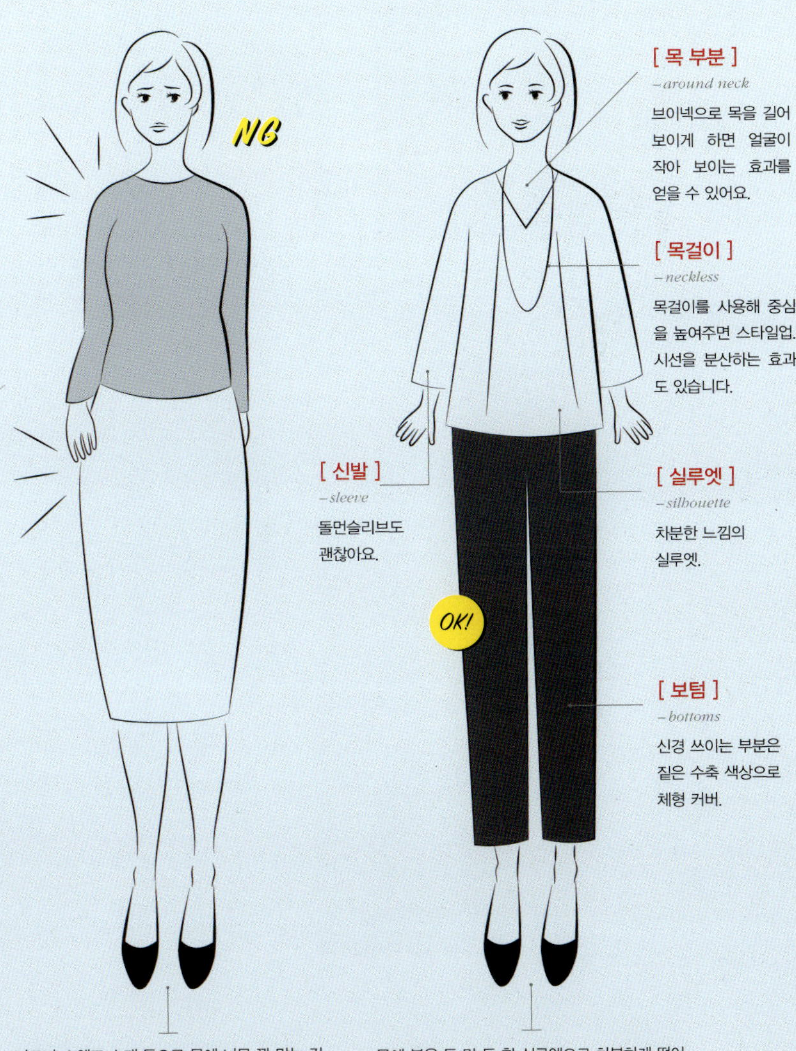

니트나 스웨트 소재 등으로 몸에 너무 꽉 맞는 것은 신체 라인이 너무 드러나므로 주의!

몸에 붙을 듯 말 듯 한 실루엣으로 차분하게 떨어지는 느낌의 소재를 추천합니다.

\ 집에서 빨 수 있다! /

UNIQLO 울트라 라이트다운 세탁법

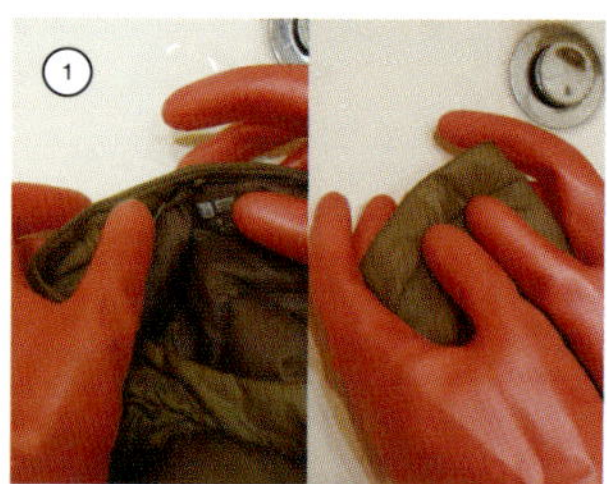

신경 쓰이는 오염이나 소맷부리, 깃 등은 초벌 빨래를 해둡니다.

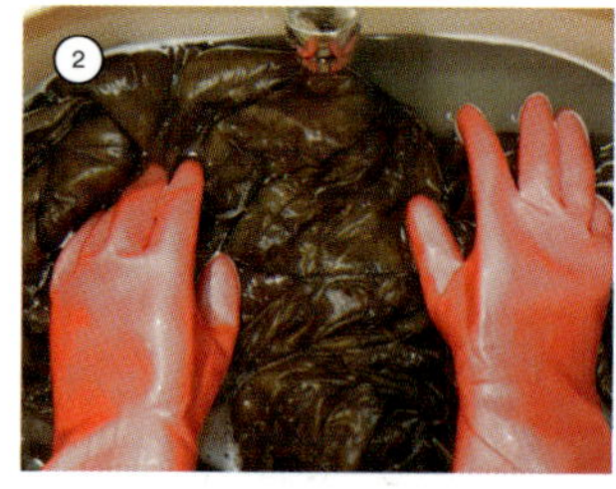

고급 중성세제를 사용하여 살짝 누르면서 빨아주세요.

다 빤 후에는 살짝 누르는 식으로 목욕 수건 등에 끼워 물기를 제거합니다.(비틀어 짜면 옷이 상할 수 있으므로 NG.)

햇빛이 닿지 않는 장소 등에 매달아 말립니다.

(Finish!)

몇 시간 후 완전히 말랐습니다. 걱정과 달리 빨기 전과 다름없는 느낌으로 되돌아왔더군요.

(!) 옷이 상하지 않도록 세탁기를 사용하지 않고 부드럽게 손빨래합니다. 또한, 옷감이나 세탁기를 상하게 하지 않기 위해서라도 탈수는 피하는 편이 좋습니다.
용제에 의한 문제 발생 방지를 위해 드라이클리닝 NG라는 표기가 있지만, 만일 가정에서 대처하기 어려운 기름때 등이 묻은 경우는 깃털 취급에 능숙한 세탁소에 맡기는 것을 추천합니다.
(참고: UNIQLO 고객 상담실)

CARE

손질 및 관리 방법

옷을 항상

새것처럼 유지한다!

옷을 항상 새것처럼 유지한다!

예전에 비하면 고급 의류도 상당히 저렴하게 살 수 있는 시대가 되었습니다. 싸다고 해서 옷을 마구 사들여 쌓아두기만 하고 관리는 계절별로 한 차례 정도 할까 말까에 곧 입다 버릴 것처럼 취급한다면 왠지 씁쓸할 듯합니다. 그렇지만 옷을 손질하고 관리하다 보면 신기하게도 애착이 생겨요. 또, 별것 아닌 것 같은 비법이라도 알면 옷을 관리하는 것이 즐거워지지요. 고급 의류든 중저가 옷이든 새것과 똑같게는 아니더라도 어떻게 하면 항상 ==좋은 상태를 유지하여 하루라도 오래 예쁘게 입을 수 있을까==가 나의 테마입니다.

 의류 브러시 사용하기!

세탁을 자주 할 수 없는 코트나 재킷 등은 물론이고 니트류 등, 평상시 손질 및 관리를 위해 의류 브러시를 추천해요. 의류 브러시의 최대 장점은 다음 2가지입니다.

장점 01
섬유 속에 쌓인 먼지까지 긁어내서 제거할 수 있다.

장점 02
섬유의 흐름을 맞춰줄 수 있으므로 곱슬 마디가 생기는 것을 방지하고 피부에 닿는 감촉이나 원단 자체의 촉감이 오래 유지된다.

(!) 니트 등은 평소 잘 관리하여 곱슬 마디가 생기기 전에 의류 브러시로 섬유를 풀어주고 옷감의 털 방향을 갖춰 두는 것이 중요합니다.
(면 소재는 보풀이 일 가능성이 있으므로 주의하세요.)

 [의류 브러시 사용 방법]

how to brushing. 01

먼저 아래서 위로 손목 스냅을 이용해 촘촘하게 빗질하는데, 문지르지 않도록 주의하면서 먼지를 털어냅니다. 섬유 속 먼지를 긁어낸다는 감각으로. 깃이나 봉제선 부분도 확실하게.

how to brushing. 02

위에서 아래로 빗질하면서 섬유의 결 방향을 정리해줍니다.

→ [브러시 고르는 방법]

나일론 브러시보다는 캐시미어 등의 섬세한 소재에도 대응
할 수 있는 촘촘하고 튼튼한 말 털 브러시를 추천합니다. 천
연 털을 사용해서 정전기도 잘 안 생겨요. 브러시 털은 약간
긴 편이 사용하기 편리합니다.

! 옷을 벗은 후 우선 이
런 느낌으로 정해진
위치에 걸어 두고 바
로바로 손질.

너무 헐어서 버려야겠다 싶은 양말도 2분
정도면 깔끔하게…

이거 정말
대단해요!

→ [보풀 클리너 발견!]

유선 타입의 보풀 제거기는 파워가 약해지지 않아서 매우
좋습니다. 가볍고 사용하기 편리하며 털 길이에 따라 3단
계로 조절할 수 있는 가드 장착 제품이라 원단의 감촉이 손
상되는 일도 없지요. 양말이나 아이 운동복 등에도 대활약!
보풀을 없애기만 해도 새 옷처럼 보입니다.

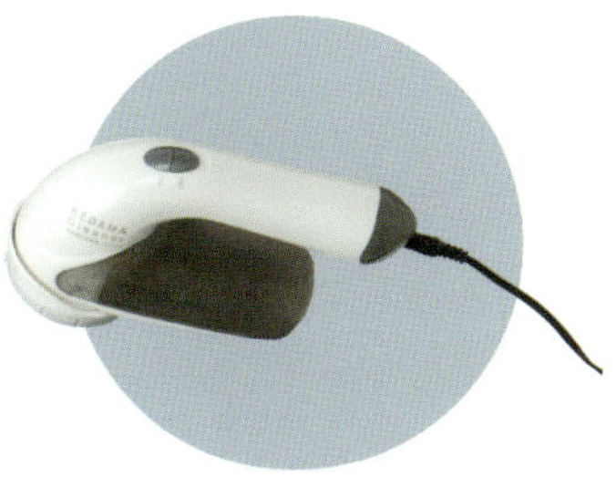

[보풀 클리너]

그레이 / KD778 / TESCOM 테스콤

! 보풀 클리너를 사용할 때는 평평한
곳에서 원단에 살짝 대는 느낌으로
사용해 주세요. 안 그러면 원단이 클리너에
감겨 들어갈 수 있습니다. 또한, 설명서대
로 타이츠와 같은 얇은 소재에는 사용하지
않는 것이 좋습니다.

> ## ② 손질 및 관리
>
> 중저가의 옷을 비싸 보이게 하는 비법의 하나는 다림질에 있습니다. 다림질 하나만으로도 훨씬 좋아 보이게 할 수 있지요. 간편한 핸디 타입의 다리미를 추천합니다.

요령 1 [스팀과 분무기를 구별하여 사용하기]

분무기 → 심한 구김에

면이나 마 소재의 심한 구김을 재빠르게 없애려면 분무기가 가장 효과적입니다! 원단을 푹 적셔 다림질하세요(물을 적셔도 되는 소재인지 먼저 확인이 필요합니다).

다리미의 스팀 → 자잘한 구김에

자잘한 구김이라면 다리미의 스팀 기능으로도 OK.

요령 2 [매달아 놓고 핸디 다리미로 쓱쓱 다림질]

아침 바쁜 시간대에는 옷을 매단 상태로 쓱쓱 다릴 수 있는 다리미가 있다면 시간을 단축할 수 있습니다. 과거 함께 일했던 스타일리스트 분이 "여러 가지 다 써 봤지만, 이게 가장 좋아요! 가볍고 사용하기 쉽고."라며 알려 주신 것이 바로 이 트윈버드 사 제품의 다리미.

[핸디 타입 다리미]

핸디 다리미 & 스티머
SA-4084BL / 블루 / 트윈버드

사진에서처럼 행거에 매달아 쓱쓱 다립니다. 다림질용 장갑이 있으면 셔츠의 깃 부분 등을 다릴 때 편리합니다.

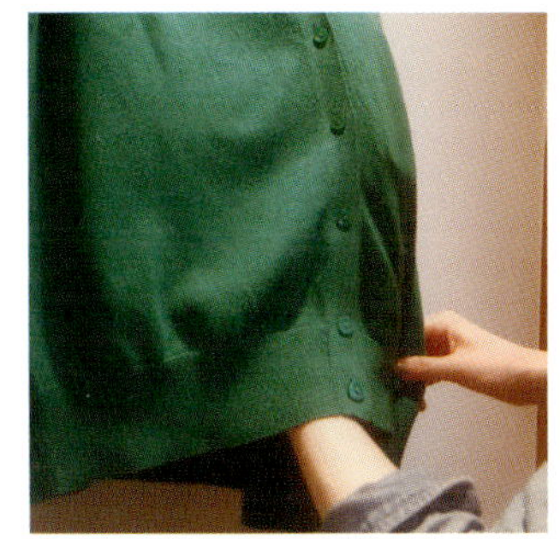

요령 3 [니트에도 다림질을]

! 니트를 다릴 때는 원단 안쪽에서 스팀을 주면서 다림질
합니다. 니트류는 털을 세워 폭신폭신한 느낌으로 마무
리해야 하므로 안쪽에서 스팀을 주면서 구김을 펴세요.

요령 4 [다리미천은 반투명의 것이 편리]

다리미천 →

섬세한 소재나 번들거림 방지를 위해 사용하는 다리미천은 반
투명의 것을 추천(균일가 잡화점에서 구매할 수 있습니다.)

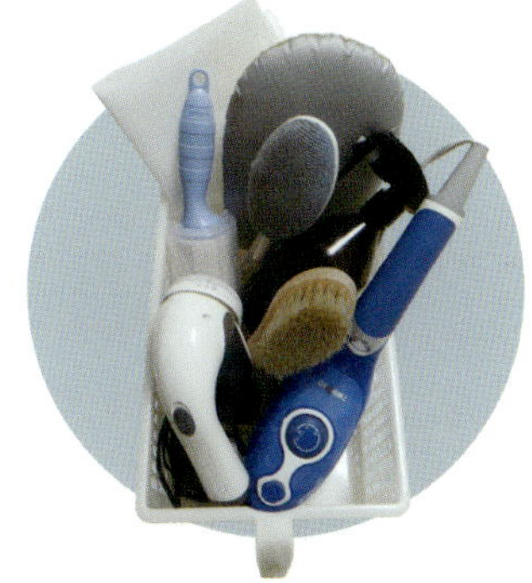

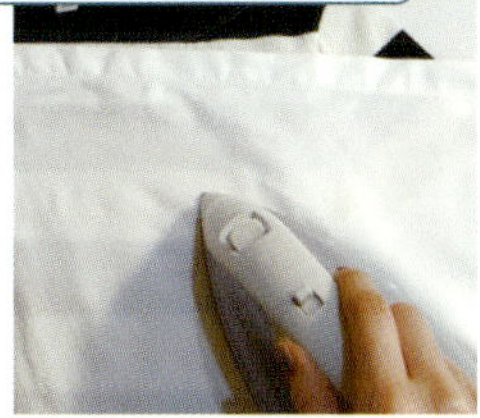

아무리 얇은 천이라고 해도 어디
에 다리미를 대고 있는지 알 수 없
으므로 다림질하기가 어렵습니다.

핀 포인트로 다리미를 대고 싶은
부분을 확실히 알 수 있고, 구김 상
태를 다리미천 너머로 확인하면서
다림질할 수 있습니다.

! [나의 손질 및 관리 용품 BOX]

간편 다리미 및 관리 용품 세트는 무조건 꺼
내 쓰기 쉬운 장소에 수납해 두는 것이 좋습
니다. 만사 대충 대충인 나도 생각났을 때 바
로 꺼낼 수 있도록 수납 장소만큼은 여러모
로 궁리하고 있답니다.

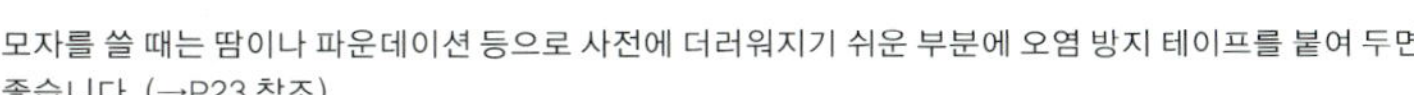

3 모자 관리 포인트

01 모자를 쓸 때는 땀이나 파운데이션 등으로 사전에 더러워지기 쉬운 부분에 오염 방지 테이프를 붙여 두면
좋습니다. (→P23 참조)

02 모자는 기본적으로 통째로 빨 수 없으므로 착용 후에는 브러시로 한 번 쓱 먼지를 털어냅니다.

 **수납은 이렇게**

정리 수납의 달인은 아니지만, 정리 수납을 좋아하는 편이라 현상에
문제를 느끼면 즉시 수납 방법을 바꿔 보는 등 궁리합니다.

 [행거]

행거는 거의 미와(MAWA) 행거로 통일.
공간을 절약할 수 있어 옷장 속이 깔끔합니다.

셔츠

셔츠 전용 행거는 깃 부분이 딱 맞게 되어 있으므
로 깃에서 어깨까지의 라인이 망가지지 않고 깔
끔한 상태를 유지할 수 있습니다. 강력 추천!
(MAWA 행거/ 실루엣 36)

팬츠

팬츠의 무게로 구김이나 무릎 부분의 늘어남도
해소! 바지 중앙에 주름이 잡힌 팬츠도 깔끔하게
상태를 유지할 수 있습니다. 미끄러져 떨어지지
도 않고 행거 집게 자국도 신경 쓸 필요 없어요.
(MAWA 행거/ 바지걸이)

팬츠 착용 후의 구김이 신
경 쓰일 때는 샤워를 막 마
친 욕실에 사진과 같이 걸
어두면 스팀 효과로 바로
구김이 펴집니다.

마와 숍 저팬 http://www.mawa-shop.jp

스커트

치마 4벌을 콤팩트하게 수납할 수 있을 뿐 아니라,
플라스틱 소재로 가벼워서 매우 좋은 제품이라고
생각합니다. 역시 메이드인 저팬(데이즈 스커트
행거 4단)

주식회사 엔케이 프로덕츠 http://www.rakuten.co.jp/nkproducts/

→ [니트]

행거에 걸면 니트 무게로 형태가 망가지므로 잘 개켜서 수납합니다.

→ [양말]

신는 입구가 늘어나거나 하지 않도록 잘 접어서 수납 케이스의 높이에 맞춰 세워서 수납합니다.

→ [벨트]

옷장 안 봉에 훅을 걸어 한데 모아 걸어둡니다.

→ [모자]

먼지의 영향을 받지 않는 칸 한쪽에 한데 모아 수납합니다.

→ [백]

공간 절약을 위해 워크인 클로짓 문에 걸어 수납. 사용 시즌이 지난 백은 샀을 때 함께 주는 부직포 주머니 등에 넣어 수납.

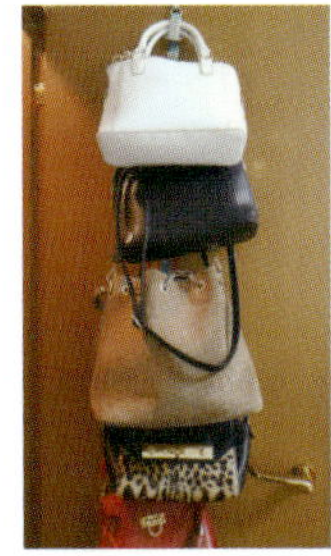

방수 스프레이

2 신발 손질 및 관리

→ [착용 전 포인트]

먼저 신발을 착용하기 전이나 착용 후에도 적당히 방수 스프레이를 뿌려줍니다. 방수뿐 아니라 오염 방지 효과도 기대할 수 있습니다(에나멜은 전용 스프레이를 사용하세요. 안 그러면 주름 이 생기거나 광택이 사라집니다).

→ [스니커가 더러워졌을 때]

고무

고무 부분에는 멜라민 스펀지를 사용. 지우개나 세제 등 여러 가 지를 써 봤지만, 멜라민 스펀지 가 가장 편하더군요. 균일가 잡 화점에서 파는 것을 써도 제법 깨끗해집니다.

토우캡

토우캡 부분이 자외선으로 누렇 게 변색한 경우는 다소 광택이 없어지기는 하겠지만, 균일가 잡 화점에서 파는 스틸 수세미를 사 용하면 깨끗해집니다.

— before —

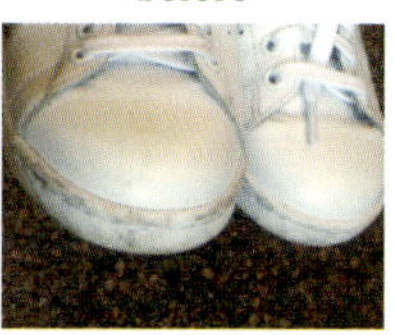

— after —

— before —

— after —

→ [손질 및 관리 용품]

❶ [에나멜 전용 클리너] 표면이 흐려지면 광택을 주려고 사용합니다. 더러움을 제거하고 균열을 방지해줘요. **❷ [스 웨이드 전용 브러시]** 신발장에 신발을 수납하기 전에 쓱쓱 빗질해줍니다. 먼저 털 방향과 반대로 빗질하여 더러움 등 을 제거한 후 마지막에 털을 눕히는 식으로 털 방향을 정리 해줍니다. **❸ [보색제 리퀴드 타입]** 색바램이 신경 쓰일 때 마다 보색제를 칠해줍니다.

→ [슈즈 스트레처]

발이 아픈 부분을 가로 세로로 늘려 자기에게 맞는 치수로 조절할 수 있습니다. 스니커나 펌프스도 OK. 시간 간격을 두고 상태를 확인하면서 조절하는 것이 요령입니다. 합성 피혁의 경우는 찢어지는 경우도 있으므로 무리하게 사용 하지 마세요.

유익한 아이템!

도움이 되는 편리한 아이템

세탁 볼

이것을 세탁기에 넣기만 해도 세탁물끼리 엉키는 것을 방지해주며, 더러움도 쉽게 빠지고, 널 때도 편하다는 그야말로 일석삼조 아이템! 세탁기에 계속 넣어둬도 되므로 공간을 차지하지도 않습니다. 균일가 잡화점에서 구매.

우타마로 비누

흙탕물 등. 어떤 오염에도 강해 부분 빨기를 할 때 사용하는 비누. 세탁 전 잠깐의 수고로 특히 흰색 의류에 위력을 발휘합니다(착색 의류의 경우는 물 빠질 가능성이 있으므로 리퀴드 타입이 좋을 듯합니다).

빨래 건조망(2단형)

세탁 후 니트의 형태가 망가지지 않도록 말릴 수 있는 접이식 망. 베개나 봉제 인형도 말릴 수 있어 요긴하게 사용하고 있습니다. 아랫단은 분리도 가능. 3COINS에서 구매.

니트의 올이 풀렸을 때는

[니트의 올이 풀렸을 때 보수하는 바늘]

니트 등의 겉면에 튀어나온 실이 풀리지 않도록 손쉽게 보수할 수 있습니다. 바늘은 굵은 것과 가는 것 2개 세트로 원단에 따라 구별하여 사용합니다.

니트의 올이 풀려도 집에서 보수 가능!

➡ 삐져나온 실의 뿌리 쪽을 향해 바늘을 끼워 넣기만 하면 OK.

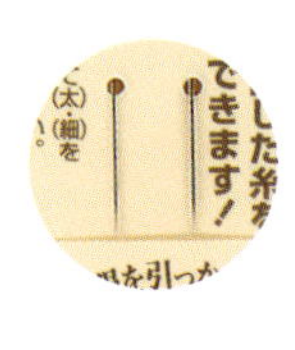
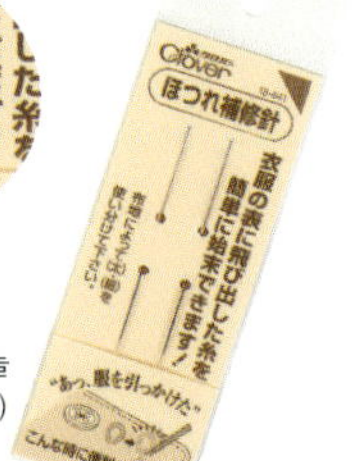

올 풀림 보수 바늘
2개 세트(클로버)

① 옷에 팔찌가 걸려 올이 삐져나오게 된 니트

② 삐져나온 실의 뿌리 부분에 바늘을 꽂아 그대로 아래로 빼낸다.

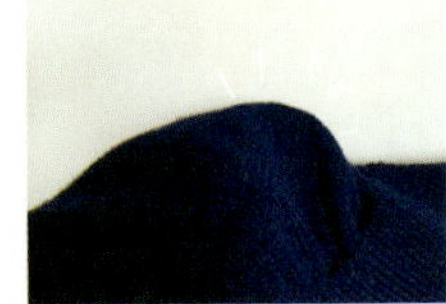

③ 어느 실이 삐져나왔었냐 싶을 정도로 완벽하게 원래대로 복구!

9, RU
DE
BYLO
7500
JARDIN
CATHERIN
LABURE

Staff Credit

사진	엔도 유키(MOUSTACHE)
	커버/ p3, 7, 12, 35, 41, 47, 53, 69, 77, 98, 108

구보타 이츠미
띠지/ p8, 9, 14~22, 24~28, 32(위), 34, 36~40, 42(아래), 43~46, 48~52, 54, 56~58, 60~64, 66~68, 70, 71(위), 72~73, 76, 80~84, 86, 87(각 제품), 88~89(각 제품), 90~94, 96~97, 99, 102~105, 109~113, 122, 128(아래), 129(위)

상기 이외는 인스타그램, 저자 촬영

헤어메이크　chisa(ROI)
커버/ p3, 7, 12, 35, 41, 47, 53, 59, 69, 77, 98, 108

북 디자인　가와이 히로야스, 나카무라 에리(VIA BO, RINK)

일러스트　우에다 마루코

교정　오카와 마유미

MY
STYLING
BOOK
마이 스타일링 북

2017년 6월 25일 초판 1쇄 인쇄
2017년 7월 3일 초판 1쇄 발행

지은이 히비 미치코
옮긴이 고정아

펴낸이 정상석
기획 • 편집 터닝포인트
북디자인 루키밴드
브랜드 터닝포인트
펴낸 곳 터닝포인트(www.turningpoint.co.kr)
등록번호 제2005-000285호
주소 (03991) 서울시 마포구 동교로27길 53 지남빌딩 308호
전화 (02) 332-7646
팩스 (02) 3142-7646
ISBN 979-11-6134-003-6 13590
정가 13,000원

이 도서의 국립중앙도서관 출판예정도서목록(CIP)은 서지정보유통지원시스템 홈페이지(http://seoji.nl.go.kr)와
국가자료공동목록시스템(http://www.nl.go.kr/kolisnet)에서 이용하실 수 있습니다.
(CIP제어번호: CIP2017013443)